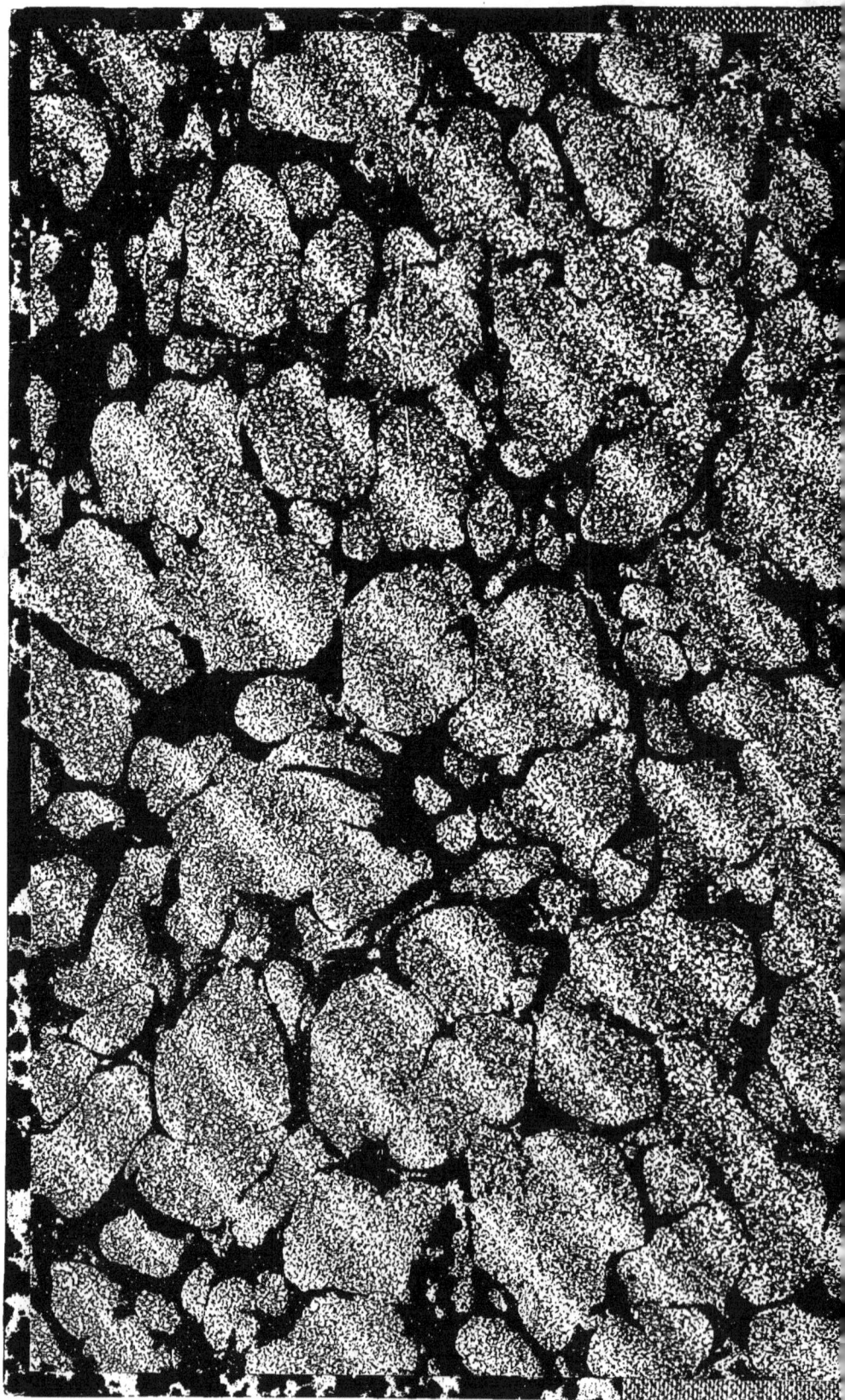

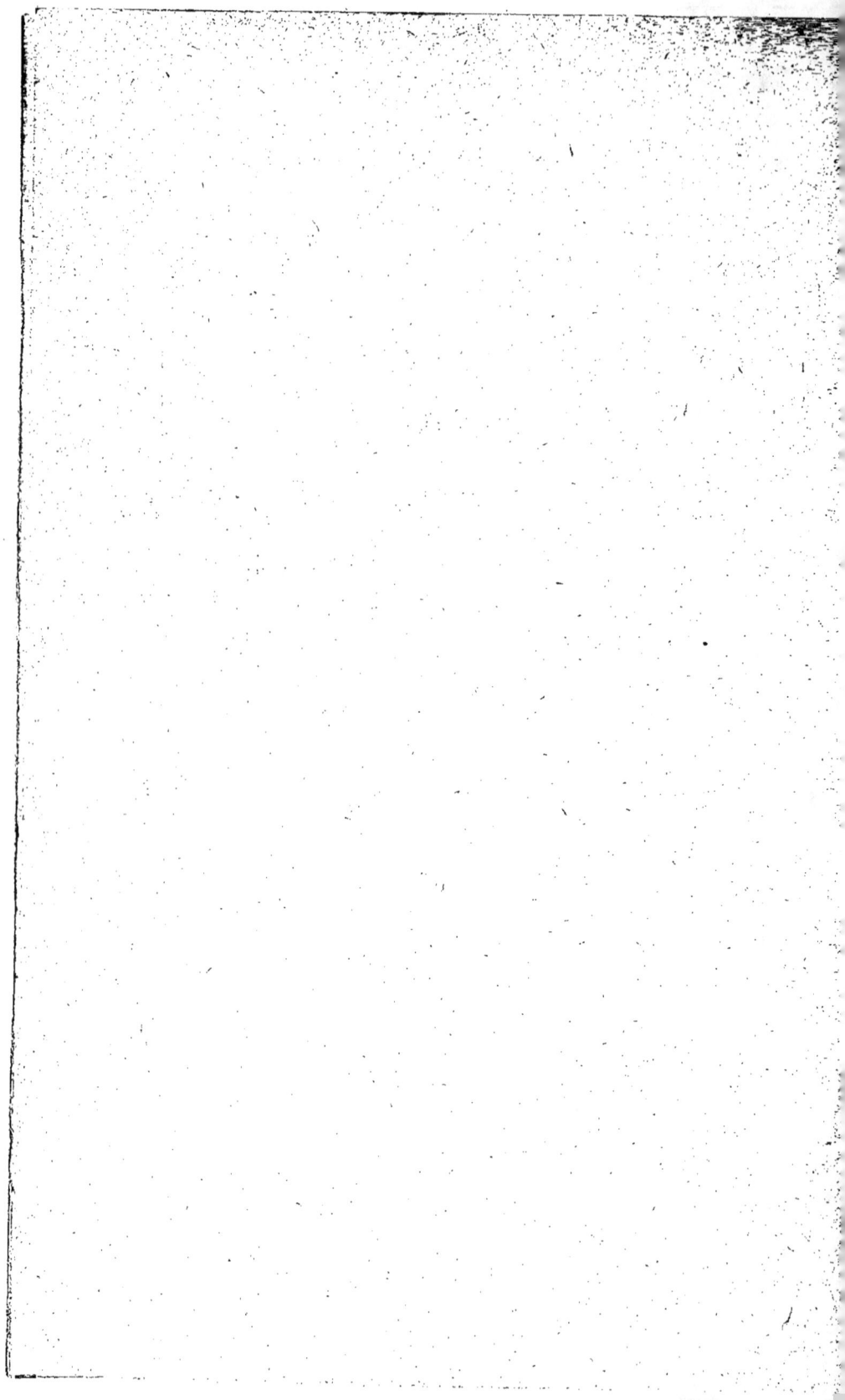

LA

SCIENCE DES ARTS,

TRAITÉ D'ARCHITECTONIQUE

PAR

A. DELACROIX

BESANÇON

IMPRIMERIE DE DODIVERS, GRANDE-RUE, 42.

—

1869

LA SCIENCE DES ARTS

TRAITÉ D'ARCHITECTONIQUE

Extrait des Mémoires de la Société d'Émulation du Doubs.

Séance du 9 août 1868.

LA

SCIENCE DES ARTS

TRAITÉ D'ARCHITECTONIQUE

PAR

A. DELACROIX

DE LA SOCIÉTÉ IMPÉRIALE ET CENTRALE DES ARCHITECTES.

BESANÇON

IMPRIMERIE DE DODIVERS, GRANDE-RUE, 42.

—

1869

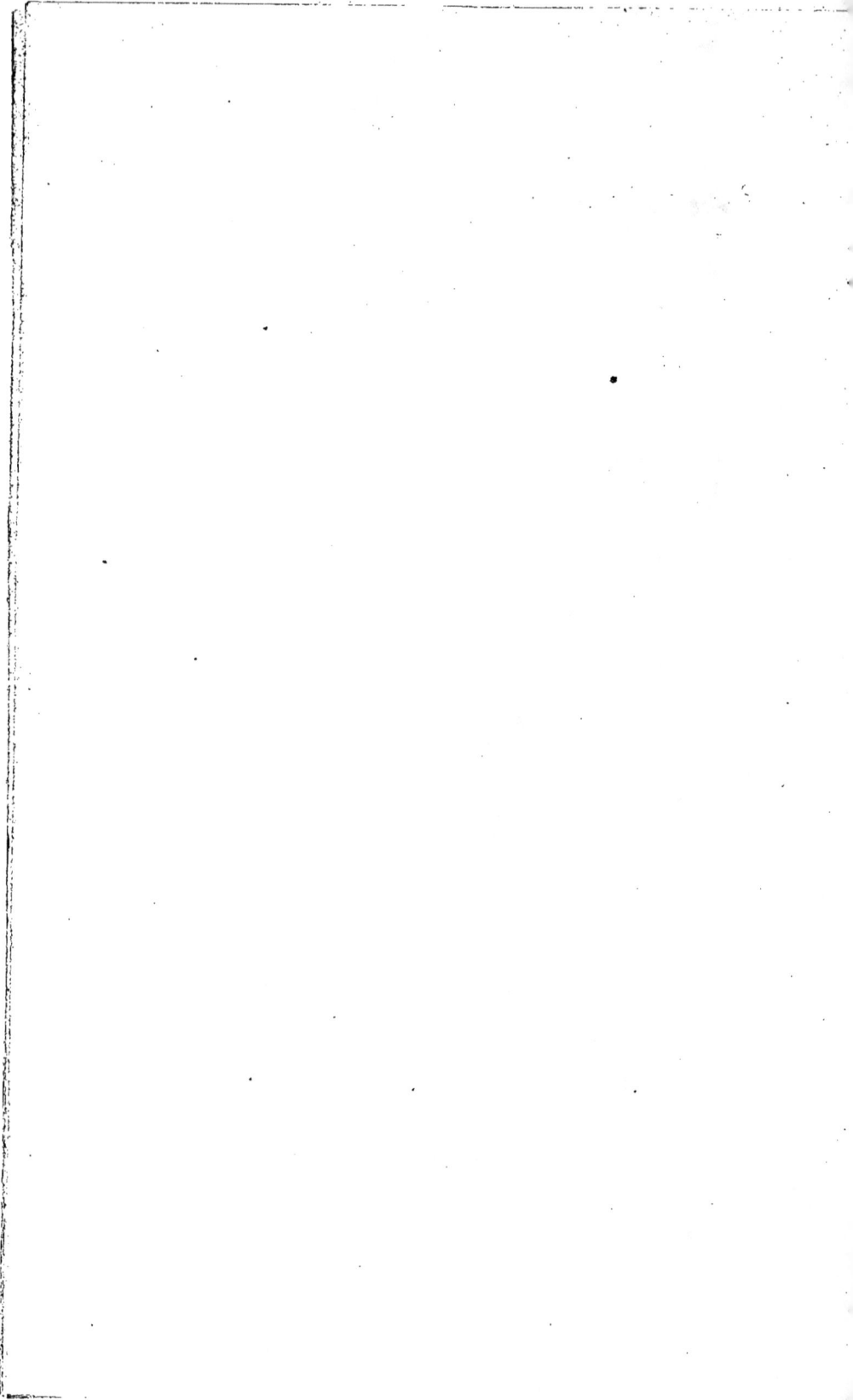

PRÉFACE

Vers la fin du règne de Charles X, deux chercheurs d'un mérite incontesté dans des voies différentes, Percier, qui fut longtemps architecte du Louvre, et le philosophe Jouffroy, issus comme moi l'un et l'autre des montagnes du Jura, inspirant l'ardeur jeune alors de leur compatriote, firent naître en lui le projet de vouer sa vie à la recherche des principes fondamentaux de l'art des bâtiments.

Ces principes, on pouvait en acquérir l'usage, mais non la connaissance, dans les écoles d'architecture, sous la direction d'un maître et par l'influence des modèles. Quoique l'artiste habile parvînt toujours à s'en pénétrer, c'était cependant une atmosphère qu'il respirait sans la voir, un bien dont son génie réussissait à jouir sans qu'il en eût la possession.

Le même phénomène se reproduisait pour le peintre, le statuaire, le musicien, pour quiconque avait à exercer un art. Chacun pressentait des lois, avait le tact des PROPORTIONS, et en usait, sans pouvoir saisir leurs formules qu'on ne voyait écrites nulle part.

Conformément à l'avis de mes maîtres, il fallut, en vue du but insolite que je m'étais proposé, me soustraire d'abord à toute espèce d'influence des hommes du métier et m'isoler stoïquement, sans autre ambition que celle de trouver un jour, peut-être, le chemin de la chose inconnue.

Mes recherches ont été vaines durant une longue suite d'années. Pour ne point aboutir à une misérable impasse, je dus enfin imaginer une méthode nouvelle d'exploration (¹), et me

---

(¹) Grouper les faits de même parenté probable et en dégager l'élément commun.

faire ainsi une boussole fidèle. Grâce à cette heureuse fortune, j'ai fini par aborder ce qui, autrement, fût resté pour moi une insaisissable chimère.

Aussitôt le sujet s'agrandit. J'eus devant les yeux, non plus seulement la théorie des principes fondamentaux de l'architecture, mais une science commune à tous les arts, le code des lois suivant lesquelles chaque chose se fait dans l'univers. Car la règle est la même partout, pour tout et en tout. C'est elle qui donne le langage par lequel le monde extérieur se manifeste à l'esprit, par lequel celui-ci répond. J'avais, comme bien d'autres déjà, reconnu le principe d'un équilibre universel ; j'essayai d'en dégager le tableau des *lois harmoniques,* but premier de mes efforts.

Quoique tardivement formulée, l'inconnue de la veille avait cependant un nom : ARCHITECTONIQUE, mot qui exprime dans le sens le plus général l'*action de faire.*

Elle aura dans notre étude, pour objet définitif, ce qui intéresse l'homme au plus haut degré, l'HOMME lui-même et sa MAISON. Néanmoins, sans avoir cessé d'être spéciale pour l'architecture, elle s'adressera d'abord par ses généralités à toutes les classes studieuses, aux artistes et aux savants.

LIVRE I.

L'ARCHITECTONIQUE

1

SON OBJET, SA BASE ET SES MOYENS.

L'Architectonique a pour objet le bien-être de l'homme, pour base une appréciation vraie de l'ensemble des faits naturels et des lois d'équilibre général qui les régissent, pour moyen les lois harmoniques.

Mais comment établir ce point de départ qui doit précéder en quelque sorte comme un axiome les investigations architectoniques? Qu'est-ce que le milieu dans lequel l'homme se trouve placé, l'homme lui-même et le rôle qui lui incombe?

La théologie répond par des dogmes trop particulièrement appropriés aux religions, et ne va pas au delà. Quant à la science, elle ne donne que ce qu'elle a vu, et se tait sur ce qui échappe à son expérimentation. Ni l'une ni l'autre ne nous fournissent donc la solution qui nous serait nécessaire et qui semblerait ainsi devoir rester longtemps encore inabordable. Néanmoins, comme il importe beaucoup plus, pour marcher, d'avoir le pied dégagé d'entraves qu'appuyé sur un fond irréprochablement solide, nous n'hésiterons pas, voulant aller au but, de poser un ensemble des faits naturels exempt des préjugés évidemment inadmissibles. Nous tenterons de le constituer aussi conforme que possible à la résultante idéale des opinions qui germent chez les hommes les plus compétents. Nous n'aurons donc établi qu'une hypothèse; mais la somme des erreurs inévitables n'y sera pas de nature à vicier les déductions.

Notre hypothèse s'appuie du reste sur ce double principe :

Que les lois mathématiques ou physiques sont une expression de la volonté de Dieu ;

Et que tout ce qui est admissible par elles peut exister, existe si cela est utile.

II

HYPOTHÈSE DU MONDE, L'HOMME.

Fini, infini : deux idées distinctes. Mais il ne peut rien exister de fini qui ne soit mathématiquement subdivisible à l'infini.

Aussi l'esprit conçoit-il, nonobstant la résistance d'un grossier sentiment de la personnalité humaine :

D'une part, un monde stellaire auquel appartient la terre avec les corps qui existent en elle ;

D'autre part, un monde moléculaire où gravitent les astres d'un autre ordre, et que nous dénoncent les sciences physiques.

L'étoile, astre pour nous, molécule dans une série supérieure ; la molécule du corps qui est sous notre main, planète ou soleil à son tour dans une série inférieure ; cet écart est, pour la pensée, l'équivalent de l'infini.

Encore l'esprit refuserait-il de conclure à une restriction probable de la généralité de cette loi qui subordonne ainsi, l'un à l'autre, les deux seuls ordres de mondes perceptibles à nos moyens d'investigation, et qui doit de même hiérarchiser les autres ordres destinés à nous échapper par l'excès de leur grandeur ou de leur ténuité.

Il reconnaîtra au contraire que dans cette série, nécessairement infinie elle-même, il y a corrélation évidente et constante de mondes à mondes, de corps à corps, par des actions réciproques et des agents communs, sans inertie nulle part.

C'est qu'il y a une force vive universelle. Cette force est en Dieu. Comme il est infini, il crée sans limites d'espaces ni de temps ; il imprime à ses œuvres les conditions actives d'une rénovation sans trêve, et d'impérieuses lois d'équilibre mutuel.

Dieu établit des formes qui auront vie et dans lesquelles des astres ou molécules viendront à tour de rôle graviter jusqu'à l'heure d'une autre destination. Ces formes, variées, précises, classées, coexisteront sur chaque globe en nombre proportionné à ses besoins ; elles agiront en commun vers le but final chacune avec sa constitution propre et son devoir tracé, chacune cependant avec la faculté de s'approprier dans certaines limites aux circonstances, et susceptibles, sinon de remplacer sa voisine qui viendrait à faire défaut, du moins d'accomplir une tâche en partie équivalente, relativement au résultat général.

Tout corps, en recevant la vie, devient un exemplaire de l'une de ces formes.

Dieu lui donne l'âme pour guide, et, par elle, la faculté de penser.

Dieu donne à l'homme soumis ainsi à la règle commune des corps : la loi de famille qui fait naître d'un père et d'une mère, la loi de l'individu qui condamne à vivre en se renouvelant sans cesse par la destruction d'autres individus et à mourir en renouvelant autrui par sa propre dépouille ; il lui donne les moyens de lutte qui protégeront les sociétés humaines.

L'homme a donc une mission complexe à remplir. Il n'existe pas par lui et seulement pour lui ; c'est un agent dans l'univers. Des peines et des récompenses inévitables sont le prix de ses actes de chaque instant, comme de l'ensemble de sa conduite, dans le rôle à la fois immense et chétif qui lui est dévolu.

III

L'HOMME MINÉRAL, VÉGÉTAL ET ANIMAL.

Il y a des corps privés de la faculté de locomotion spontanée. Ils vivent, où les circonstances les ont placés, les uns par cristallisation, — ce sont les minéraux, — les autres par végétation, — ce sont les plantes.

Les corps doués de la faculté de se mouvoir spontanément sont les animaux.

Il n'est pas de fonction imposée aux minéraux, aux plantes et aux animaux, que l'homme ne remplisse.

Sa vie, comme la leur, est subordonnée à certaines conditions de ce que l'on nomme aujourd'hui pesanteur, chaleur, électricité, lumière, et qui règne sans limite dans l'univers du grand au petit.

Il a, comme les végétaux et les animaux, les nécessités de son corps.

Il a, comme les animaux, à se mouvoir pour chercher sa proie et se mettre en sûreté, à dormir pour être à son tour exposé à la puissance momentanée du plus faible, à vaquer aux soins du gîte et de la famille.

Il est de ceux que leur nature assujettit à vivre en société.

Il est, parmi les animaux de notre terre, l'un de ceux qui ont à façonner leurs instruments de chasse, de labeur et de bâtisse; il est le seul qui ait à faire œuvre d'inventeur pour tous les genres de besoins.

IV

LE MOI.

Toute race demeure jeune par le renouvellement perpétuel des individus qui la composent. Mais elle ne se défend, et l'équilibre des races entre elles n'est maintenu, que par la lutte permanente de chaque individu pendant sa vie entière. De là l'utilité d'une organisation du Moi dans sa double nature.

Aiguillonné par des sensations de plaisirs irrésistibles qui lui sont envoyées dans l'intérêt le plus immédiat de l'individu et de la race, le corps se laisserait ainsi entraîner à une perte trop prématurée si l'âme ne lui servait de cocher. Celle-ci n'est point sujette à se tromper et jamais ne trompe. Mais comme l'intérêt de l'équilibre général exigera, d'un moment à l'autre, le sacrifice de l'individu, et veut qu'il demeure en état de péril permanent, le corps devra et ne pourra entendre son guide que dans une proportion limitée par l'énergie des passions. -

En compensation de cette cause de faiblesse, l'homme, ayant été pourvu de la faculté d'inventer, trouvera dans celle-ci même le moyen de préparer les milieux où ses passions auront à se produire, de telle sorte qu'elles y soient modérées et que l'âme ne cesse pas d'y être entendue au moment opportun. Mais il est tenu de se livrer sans relâche à la pratique de cette opération. Dès qu'il cesse de réussir à régler d'avance des circonstances propices, les passions prenant le dessus étouffent en lui jusqu'à la propriété d'inventer nécessaire pour les autres besoins de la vie.

C'est, au fond, dans cette espèce d'administration éventuelle de lui-même que le Moi, relativement libre, de l'individu se trouve constitué. C'est dans ces conditions complexes qu'il flottera sous les impulsions simultanées de l'âme et des passions, suivant la résultante incertaine de ces deux forces motrices perpétuellement variables d'intensité et inégales à toute heure en puissance. Bien plus, comme l'individu existe moins encore pour lui que pour sa famille, sa race, son globe terrestre et l'univers entier, il est dit qu'un élément subsidiaire, étranger, l'action de l'âme et des passions des autres, viendra participer aussi au gouvernement du Moi par lui-même, s'entremettra dans ses affaires intérieures et corrigera, pour un intérêt plus général, les déterminations à prendre. De là des directions nouvelles pour la résultante.

L'homme est donc, en résumé, une machine compliquée à l'infini, dont le Moi n'est pas le mécanicien, dont il n'est pas même seul le conducteur et dont il est cependant le gardien responsable. Il n'y a de simple en lui que son ensemble et celui de sa destination. Pour agir, il est tenu de se considérer comme un tout unique dont réellement il serait le maître.

V

LOI DES ALTERNATIONS.

Les retours périodiques du sommeil modifient momentanément, plutôt qu'ils n'interrompent, l'état forcé de lutte habituelle. La règle de ces retours appartient à une loi plus générale qui est celle des alternations en toutes choses, ayant de même pour objet de donner à chaque corps son tour utile de puissance et de faiblesse, la jouissance de son droit à la vie et ses chances de destruction.

La loi des alternations est souverainement impérieuse ; elle dit à l'individu :

« Toutes choses égales d'ailleurs, la plante la plus robuste sur un terrain sera celle qui aura été le plus longtemps sans y croître.

» L'animal mangera, ou il mourra ; puis il interrompra son repas ou je ferai naître une invincible satiété.

» S'il lui est donné de pouvoir manger des corps appartenant à plusieurs races, il variera le choix de sa proie ; ou je protégerai celle sur laquelle il s'obstinerait, en la rendant pour lui momentanément impropre à servir de nourriture.

» S'il lui est donné de se nourrir d'une race unique, ce sera durant une partie limitée de son existence.

» Il est tenu de se mouvoir. Mais point de mouvement qui ne doive être forcément suivi d'un repos proportionné; point

de repos qui ne devienne un supplice s'il ne succède immédiatement au mouvement.

» Il changera de place en temps opportun pour sa nature,
ou j'accumulerai d'inévitables dangers sur un séjour persis-
tant.

• » La continuité du plaisir le fera disparaître, celle de la
peine finira par rendre insensible, puis donnera la mort.

» Jusque dans le mode de l'activité et du repos, je veux la
variété comme condition d'une existence normale. »

VI

LES HABITUDES.

A côté de la loi des alternations, nécessaire pour que toute
race vive à côté d'une autre, a été placée celle des habitudes
qui fortifient l'individu pour la conservation des siens et de
lui-même.

Tout commencement d'effort fait naître une peine qui dé-
tournerait de la lutte; mais la répétition périodique de l'effort
atténue peu à peu la peine et lui substitue une sorte de plaisir
anticipé du succès : elle donne l'habitude.

On acquiert celle-ci : d'abord par les incitations et l'exemple
d'autrui, puis par soi-même.

VII

L'IMAGINATION.

Le Moi reçoit avertissement de ce qui se passe hors de lui
au moyen d'organes rapportant à un centre commun des sensations de sonorité, de lumière, de chaleur, de toucher, d'odeur
et de goût qui lui dessineront chaque circonstance. A chaque
race, en raison de l'aptitude qui lui est destinée, a été réparti
un développement plus ou moins considérable d'un ou de
plusieurs organes. C'est ainsi que l'homme a été pourvu par

excellence du sens du toucher, qu'il est favorablement doté
sous le rapport du goût, de la vue et de l'ouïe, mais qu'il est
obligé de consulter certains animaux pour apprendre, des uns
l'approche d'un changement de temps, des autres l'existence
d'une piste derrière le gibier. Les sensations éprouvées s'en-
registrent dans le cerveau ; la mémoire s'en conserve en proportion de leur intensité, et surtout de l'attention que le Moi
leur accorde.

Mais le cerveau n'est point un registre inerte. Chaque sensation nouvelle réveille en lui les sensations analogues anté-
rieurement éprouvées, et, de proche en proche, toutes celles
qui ont avec ces dernières certains rapports. La vibration des
unes n'a pas cessé que déjà la vibration des autres, étant la
même, ranime l'impulsion. L'agitation se transmet au corps
lequel réagit. L'âme intervient. De là deux courants de mobiles
idées, résultante de l'influences de l'un ou de l'autre moteur, flux
et reflux de bestialité et d'intelligence. Les décisions formées
dans ce tumultueux forum de l'esprit sont enregistrées à leur
tour et constituent, pour les agitations ultérieures, un dernier
élément qui les résumera et qui est l'Imagination. Celle-ci a,
comme l'estomac, ses exigences ; comme lui, le besoin d'être
alimentée. Elle vit d'émotions soumises, de même que la
nourriture matérielle, à la nécessité des alternations. Privé de
vivres, l'individu périt ; il succomberait non moins promptc-
ment privé par une séquestration complète, si elle était possible,
d'émotions variées. Dans l'un et dans l'autre cas, ce serait du
reste le même délire qui surviendrait avant la mort du corps,
indiquant la même fin anticipée de l'action de l'âme.

L'étude des besoins de l'Imagination a donc son utilité
comme celle qui aurait le corps pour objet ; elles sont inséparables.

VIII

CONTRASTE. — ÉQUILIBRE.

L'art de la nature met toute chose en équilibre avec les autres.

Que l'art humain ait à s'appliquer aux besoins du corps ou à ceux de l'imagination, il procède de même au moyen des contrastes, lesquels sont les éléments de l'équilibre lui-même.

En effet, les sens ne sont frappés ni par un bruit confondu dans d'autres bruits semblables, ni par une teinte noyée dans une teinte générale de même nature, ni par une forme que rien ne distinguerait des formes environnantes, ni par une odeur précédée d'une même odeur, ni par un contact qui serait la continuation du contact auquel on est déjà soumis. Ils ne s'émeuvent que pour saisir ce qui se détache de l'uniformité, ou le fait lui-même de l'uniformité si quelque circonstance vient à le rendre remarquable. Il faut aux sens l'action du contraste, ce que l'on appelle la variété.

Rien ne sera donc grand ou petit que par rapport au petit ou au grand, lumineux ou sombre que relativement à l'obscurité ou à la lumière ; on n'appréciera la sonorité qu'eu égard au silence, le froid ou le chaud qu'après le chaud ou le froid.

Le contraste, langue primitive de toutes choses, a été soumis à des règles précises que l'imagination sache saisir sous les métamorphoses les plus diverses ; il a été soumis aux LOIS HARMONIQUES.

LIVRE II.

LOIS HARMONIQUES

Une loi harmonique, dans l'état de lutte universelle des choses, est la règle suivant laquelle deux ou plusieurs actions opposées tendent à se mettre en équilibre.

Selon que la règle doit s'appliquer aux conditions de subdivision du fini, ou à celle d'une expansion vers l'infini, les lois harmoniques prennent une marche différente.

L'un et l'autre cas ont pour point de départ la même unité; mais le premier affecte un certain mode de fractionnements, le second un mode spécial de progression continue.

Lois harmoniques du fini. — Leur nombre, illimité dans le sens du fractionnement, a pour terme supérieur l'unité. Elles possèdent une valeur pratique d'autant plus grande que la quantité des subdivisions aura été plus petite, d'autant moindre que ce chiffre sera plus considérable.

Le tableau de ces lois peut être établi d'une manière synoptique à l'aide du procédé géométrique suivant :

Soient un cercle, arène la plus spacieuse du fini, et un point pris au pôle *sud* de la circonférence (pl. I).

Si de ce point *sud* (A) est émis vers le pôle *nord* un courant de vibrations en ligne droite, il y aura réaction directe du mouvement sur lui-même; il y aura lieu à équilibre entre deux forces opposées.

Il en sera de même si le courant diverge à partir du point de départ et va frapper la circonférence en deux autres points de manière à former, avec le premier, un triangle équilatéral.

Il en sera de même encore si le double courant dessine :

Soit le carré inscrit,
Soit l'octogone,
Soit enfin le polygone régulier de 24 angles.

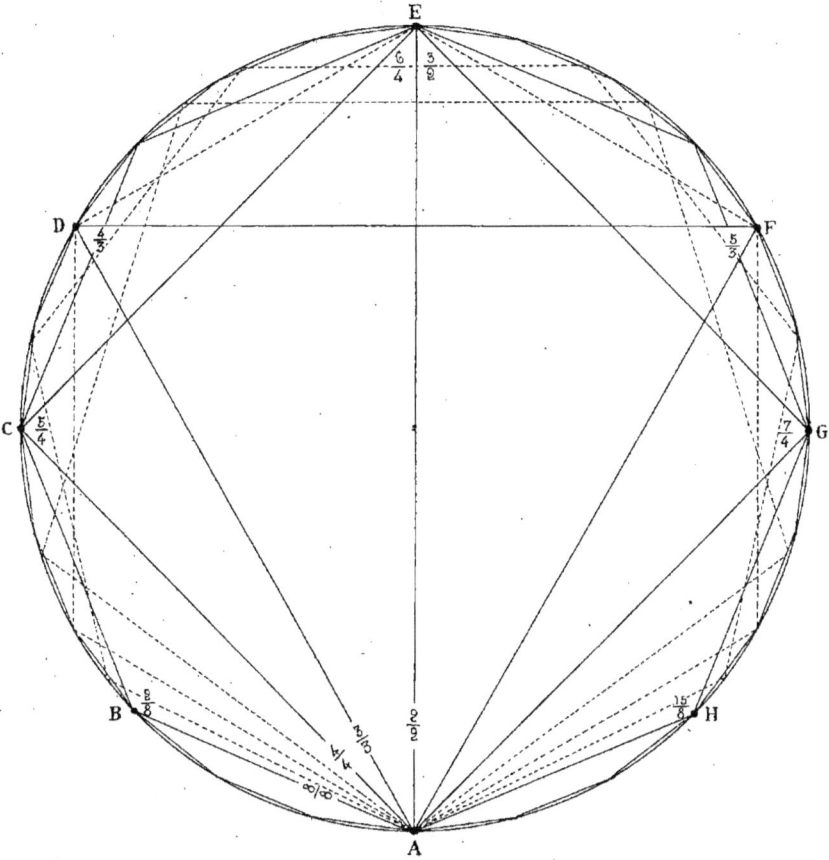

CERCLE HARMONIQUE.

Lith. Gajard. Besançon.

CERCLES HARMONIQUES
des Sons.

Pl. II

Fig. 3.

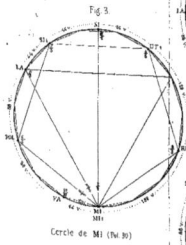

Cercle de MI (Pol. 36)

Fig. 4.

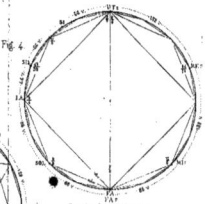

Cercle de FA (Pol. 32)

Fig. 9.

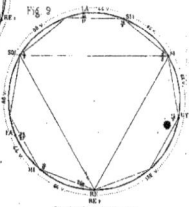

Cercle de RE (Pol. 27)

Fig. 5.

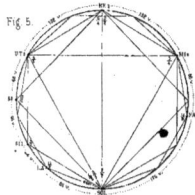

Cercle de SOL (Pol. 36)

CERCLE de UT (Pol. 24)

Fig. 1.

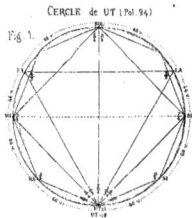

Cercle de SI (Pol. 45)

Fig. 6.

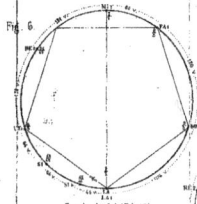

Cercle de LA (Pol. 40)

Fig. 8.

Fig. 7.

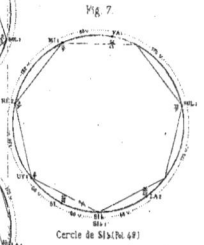

Cercle de SIb (Pol. 48)

Abréviations:
Pol, polygone du nombre d'angles
    concernant par le chiffre suivant,
    et caractérisant chaque cercle.
UT, RE,... et sign, re' sign...
V, vibrations, système de 128 vibrations de
UT à UT'; les chiffres suivis de la lettre v
    indiquent les différences, portatifon entre
    deux autres voisins.

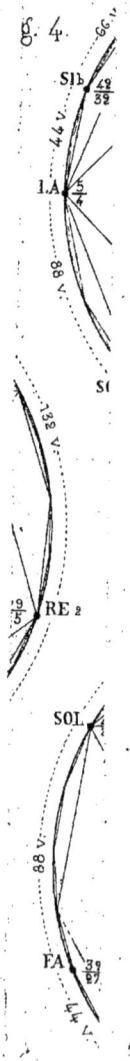

fig. 4.

SIb $\frac{42}{32}$

LA $\frac{5}{4}$

SI

RE 2 $\frac{19}{5}$

SOL

FA $\frac{39}{27}$

Si, au contraire, on tient compte, dans chaque paire de courants, de la marche isolée d'un seul, chacun des angles de son polygone sera successivement touché avant que le retour ne s'opère sur le point de départ. Le courant aura marqué sur la circonférence une série de réflexions ou d'échos; et chacun d'eux aura pour mesure la distance parcourue ainsi, depuis le point de départ, relativement au pourtour entier du cercle.

Mais le polygone ne confère et ne peut conférer à ses angles qu'une importance inverse du nombre de ceux-ci. Plus il tend à s'effacer dans la circonférence, plus les échos qui le constituent deviennent indirects et perdent d'énergie dans le contraste. Moins alors la nature et l'art en feront usage.

Les lois harmoniques se rangent donc dans cet ordre d'utilité :

1° Relativement au point de départ exprimé par 1 ou, ce qui est identique, par . . . . $\dfrac{2}{2}$,

le pôle opposé représentera un parcours d'une demi-circonférence en plus et le rapport sera de 3 à 2, soit. . . . . $\dfrac{3}{2}$;

2° On trouvera pour les angles du triangle équilatéral :

Au point de départ l'unité ou. . . . . $\dfrac{3}{3}$,

à l'angle suivant. . . . . $\dfrac{4}{3}$,

au dernier angle. . . . . $\dfrac{5}{3}$;

3° De même pour le carré :

Au point de départ l'unité ou. . . . . $\dfrac{4}{4}$,

à l'angle suivant. . . . . $\dfrac{5}{4}$,

puis. . . . . $\dfrac{6}{4}$,

et. . . . . $\dfrac{7}{4}$;

2

4° Les angles de l'octogone n'ayant déjà plus qu'un rôle de quatrième ordre sont ou effacés par la superposition de certains angles des polygones précédents, ou mis hors d'emploi par leur rapprochement d'autres angles, et ne se montrent avec utilité que pour remplir deux vides, l'un à gauche, l'autre à droite du pôle sud :

$$L'unité \dots \dots \dots \dots \frac{8}{8},$$

$$puis \dots \dots \dots \dots \frac{9}{8},$$

$$et \dots \dots \dots \dots \frac{15}{8}.$$

5° Les angles du périmètre de 24 côtés ne cessent pas d'avoir une certaine importance, mais pour simplifier l'étude on peut les négliger ici. En se superposant aux points sur lesquels ont apparu les quatre premiers groupes de rapports, ils n'ont fait qu'affirmer ces derniers sous une nouvelle forme.

En somme, l'identité du dénominateur indique un champ de lutte harmonique soit des termes du même groupe entre eux, soit de ceux-ci avec l'unité ; elle exprime ce que dans la langue musicale on entend sous le nom d'Accords.

Si l'on range sur la circonférence, à la suite l'un de l'autre, et sans tenir compte des familles, les rapports fournis par chaque groupe, on aura cette série générale :

$$A \quad B \quad C \quad D \quad\quad E \quad\quad F \quad G \quad H$$
$$1, \frac{9}{8}, \frac{5}{4}, \frac{4}{3}, \frac{3}{2} \ ou \ \frac{6}{4}, \frac{5}{3}, \frac{7}{4}, \frac{15}{8}.$$

On verra, en leur temps, comment se classeront sous ces nombres les notes de la gamme musicale :

ut, ré, mi, fa, sol, la, si-bémol, si (pl. II, fig. 1) ;

Et les couleurs :

Jaune, vert, vert-d'eau, azur, violet, rouge, ponceau, orangé (pl. III, fig. 1) ;

Puis, successivement, les divers rapports suivant lesquels sont régies les choses de la nature et conséquemment les conceptions de l'esprit.

Mais à côté de ce premier tableau fondamental des rapports, il en est d'autres qui dérivent de lui et remplissent ainsi un rôle secondaire.

Voici en quoi consiste l'artifice de ces dernières lois :

Chacun des points B, C, D, E, F, G, H ci-dessus peut à son tour être considéré comme le point de départ des autres, même en y comprenant le premier, A. De la corrélation de ces nouveaux systèmes avec celui dont ils émanent découlent d'autres combinaisons de figures géométriques, combinaisons de moins en moins impérieuses, on l'a vu, à mesure que l'on s'éloigne du point de départ. Nous exposons ici, en nous réservant de fournir ultérieurement les explications, la première série de ces systèmes secondaires.

Système B. — Triangle, ennéagone, polygone de 27 angles.

$$B \quad C \quad D \quad E \quad F \quad G \quad H \quad A$$

Rapports. $1, \dfrac{10}{9}, \dfrac{32}{27}, \dfrac{4}{3}, \dfrac{40}{27}, \dfrac{14}{9}, \dfrac{5}{3}, \dfrac{16}{9}$ (pl. II, fig. 2).

Système C. — Les deux pôles, triangle, pentagone, polygone de 30 angles.

$$C \quad D \quad E \quad F \quad G \quad H \quad A \quad B$$

Rapports. $1, \dfrac{16}{15}, \dfrac{6}{5}, \dfrac{4}{3}, \dfrac{7}{5}, \dfrac{3}{2}, \dfrac{8}{5}, \dfrac{9}{5}$ (pl. II, fig. 3).

Système D. — Les deux pôles, carré, octogone, polygone de 32 angles.

$$D \quad E \quad F \quad G \quad H \quad A \quad B \quad C$$

Rapports. $1, \dfrac{9}{8}, \dfrac{5}{4}, \dfrac{21}{16}, \dfrac{11}{8}, \dfrac{3}{2}, \dfrac{27}{16}, \dfrac{15}{8}$ (pl. II, fig 4).

Système E. — Les deux pôles, triangle, carré, hexagone, ennéagone, polygone de 36 angles.

$$E \quad F \quad G \quad H \quad A \quad B \quad C \quad D$$

Rapports. $1, \dfrac{10}{9}, \dfrac{7}{6}, \dfrac{5}{4}, \dfrac{4}{3}, \dfrac{3}{2}, \dfrac{5}{3}, \dfrac{16}{9}$ (pl. II, fig. 5).

Systeme F. — Les deux pôles, pentagone, décagone, polygone de 40 angles.

$$F \quad G \quad H \quad A \quad B \quad C \quad D \quad E$$

Rapports. $1, \dfrac{42}{40}, \dfrac{45}{40}, \dfrac{6}{5}, \dfrac{54}{40}, \dfrac{3}{2}, \dfrac{8}{5}, \dfrac{9}{5}$ (pl. II, fig. 6).

Système G. — Heptagone, polygone de 42 angles.

$$G \quad H \quad A \quad B \quad C \quad D \quad E \quad F$$

Rapports. $1, \dfrac{45}{42}, \dfrac{8}{7}, \dfrac{9}{7}, \dfrac{10}{7}, \dfrac{64}{42}, \dfrac{12}{7}, \dfrac{80}{42}$ (pl. II, fig. 7).

Système H. — Pentadécagone, polygone de 45 angles.

$$H \quad A \quad B \quad C \quad D \quad E \quad F \quad G$$

Rapports. $1, \dfrac{16}{15}, \dfrac{6}{5}, \dfrac{4}{3}, \dfrac{64}{45}, \dfrac{8}{5}, \dfrac{80}{45}, \dfrac{28}{15}$ (pl. II, fig. 8).

D'autres séries pourraient succéder sans fin à celles-ci, mais toujours de moins en moins utiles.

Tel est l'artifice des lois harmoniques du fini : subdivision illimitée suivant des règles précises. Mais simultanément avec ce système coexiste celui des relations directes externes.

Loi harmonique d'expansion. — Si, par chacun des angles du triangle équilatéral inscrit, on trace les tangentes du cercle, celles-ci décriront à leur tour un triangle équilatéral extérieur autour duquel apparaîtra une circonférence exactement double de la première, et concentrique avec elle. Ce sera là la reproduction de l'image primitive et de tout ce qu'elle a manifesté. Le même genre d'opération, indéfiniment poursuivi, donnera naissance à une série de cercles concentriques, tous doubles les uns des autres suivant une progression géométrique, tous liés par une succession non interrompue de triangles à la fois inscrits et circonscrits.

L'application des lois harmoniques est susceptible d'un contrôle immédiat sur les points où les sciences actuelles ont fourni des mesures exactes pour éléments de calcul. Elle ne saura l'être que d'une manière empirique quand cette ressource manquera. Nulle part elle n'a été plus sûrement opérée que pour les phénomènes de l'ouïe, auxquels en conséquence nous allons emprunter les secrets de la formation du tableau des lois harmoniques.

Il ne faut pas omettre que la recherche des rapports harmoniques pourrait être indéfinie dans le sens de la subdivision, et qu'elle devra être bornée ici cependant pour ne point dépasser les limites de l'utile ou du moins du plus utile.

I

LOIS HARMONIQUES DES SONS.

Les différences d'intensité, de durée, de timbre, de gravité ou d'acuité dans les sons, doivent être considérées comme éléments de contraste par rapport à l'ouïe. Leur jeu constitue l'art musical lequel a classé et nommé les sons, avant même de connaître le nombre des vibrations qui les produisaient.

La gamme.

En effet, un corps rendu sonore transmet au sens de l'ouïe, par le moyen d'agents intermédiaires élastiques, principalement par l'air, des vibrations continues. Entre le nombre des vibrations d'un son et un nombre double dans le même espace de temps existe ce que l'on appelle une *octave*. Cet intervalle a été subdivisé, avec le seul secours de l'oreille et du raisonnement, entre un certain nombre de *notes* exactement mesurées d'après la loi naturelle des contrastes. Leur ensemble ou, pour employer l'expression usitée, la *gamme,* incomplète sur un seul point, est aujourd'hui ainsi conçue :

$$ut, \ ré, \ mi, \ fa, \ sol, \ la, \ si, \ - \ ut_2.$$

Le premier *ut* est la base fondamentale, la *tonique.* C'est la note la plus grave de la gamme dont le deuxième ut_2 sera le son le plus aigu, l'octave, et servira lui-même ensuite de point de départ à une nouvelle série entièrement semblable, mais produite par des nombres doubles de vibrations. Depuis le ton le plus grave que l'oreille puisse percevoir jusqu'au plus aigu, les sons se trouvent ainsi classés dans une suite de gammes superposées, pareilles, et uniformément distantes entre elles d'une octave. Ce sera la loi harmonique d'expansion vers l'infini que nous avons précédemment signalée.

On sait généralement qu'un ton de la gamme est la sixième partie du parcours du grave à l'aigu. Un demi-ton n'est que le douzième. Il a été placé deux de ceux-ci dans la gamme, l'un entre *mi* et *fa*, l'autre de *si* à *ut* aigu. Tous les autres intervalles entre deux notes furent des tons entiers, les uns plus graves, les autres plus aigus, égaux dans l'arène musicale comme tons, mais caractérisés chacun par la valeur de position qui lui était propre.

On a mesuré, dans des expériences connues, comment la note fondamentale, *ut*, étant le produit, par exemple, de 528 vibrations du corps sonore à la seconde, il en résultait la disposition proportionnelle suivante des autres parties de la gamme :

Notes : *ut, ré, mi, fa, sol, la, si, ut₂.*
Nombre de leurs vibrᵒⁿˢ : 528 594 660 704 792 880 990 1056

Entre une note, celle qui la précède et celle qui la suit, existent donc des différences que nous calculerons ainsi :

De *ut* (528) à *ré* (594) différence du nombre des vibrᵒⁿˢ. 66
De *ré* (594) à *mi* (660) 66
De *mi* (660) à *fa* (704) 44
De *fa* (704) à *sol* (792) 88
De *sol* (792) à *la* (880) 88
De *la* (880) à *si* (990) 110
De *si* (990) à *ut₂* (1056) 66

Total des différences partielles, égal à la différence
de *ut* à *ut* aigu ou *ut₂* 528

Or, si l'on répartit cette série des différences autour d'un cercle (pl. II, fig. 1) divisé en 528 parties égales, de telle sorte que *ut₂*, après l'accomplissement du parcours, se superpose à *ut*, on aura d'abord, au 66ᵉ degré la place de *ré*.

A 66 degrés plus loin encore, sur la ligne même d'équateur, la note *mi* fermera le premier quadrant du cercle. Cette partie se trouve dès lors affectée à deux tons, *ut* et *ré*, ayant chacun une portée de 66 degrés ou vibrations.

44 degrés conduiront à *fa*, ce qui va donner ici un demi-ton; 88 degrés (44 × 2) à *sol* qui occupera le pôle nord, en contraste avec le pôle sud. Le deuxième quadrant se trouve à son tour rempli.

A 88 degrés de plus paraîtra *la*. Pour clore le troisième quadrant, il devrait y avoir sur cette limite une note dont l'usage actuel ne tient pas compte, ou du moins qu'il sous-entend. Car, par un expédient rendu nécessaire, il agit comme s'il avait compté ainsi :

De *la*, jusqu'à la fin du troisième quadrant, 44 degrés ou l'équivalent de *mi-fa*, un simple demi-ton de la région nord;

Puis, continuant à former un ton entier au lieu des deux demi-tons nécessaires, il prend l'un de ceux-ci sur le quatrième quadrant où ils sont de 66 degrés.

Ces deux demi-tons de régions différentes forment néanmoins par leur addition le nombre 110 assigné dans le tableau à l'intervalle *la-si*.

Reste à remplir la fin du quatrième quadrant, à laquelle est réservé le demi-ton *si-ut₂*, et qui absorbe les 66 degrés nécessaires pour clore le parcours entier de la circonférence du cercle. *Ut* aigu se superpose enfin à *ut* grave au pôle sud.

On remarquera de suite comment chaque note de la gamme est venue se ranger exactement sur quelqu'un des angles des polygones inscrits dans le cercle harmonique. Cette identité qui a résulté de l'emploi de deux procédés différents, dénote en même temps la nécessité de rétablir dans la gamme le *si-bémol* dont l'importance est réelle, puisqu'il occupe l'un des angles du carré inscrit.

Le rapport qui existera entre le nombre des vibrations d'une note quelconque et celui de la tonique (528) devra donc être identique aussi avec la quantité attribuée au point correspondant sur le cercle harmonique et l'on aura effectivement :

$$Ut \frac{528}{528}, \quad Ré \frac{594}{528}, \quad Mi \frac{660}{528}, \quad Fa \frac{704}{528}, \quad Sol \frac{792}{528}, \quad La \frac{880}{528}, \quad Si\text{-}bémol, Si \frac{990}{528}, \quad Ut_2 \frac{1056}{528}$$

$$\text{ou } 1, \qquad \frac{9}{8}, \qquad \frac{5}{4}, \qquad \frac{4}{3}, \quad \frac{6}{4} \text{ ou } \frac{3}{2}, \quad \frac{5}{3}, \qquad \frac{7}{4}, \qquad \frac{15}{8}, \qquad 2.$$

Un polygone de 24 côtés répondrait à toutes les notes de la gamme de *ut*.

Lorsque nous avons exposé le tableau des rapports propres aux cercles harmoniques secondaires, il fut réservé que le procédé de cette organisation serait ultérieurement donné. Nous allons le trouver dans celui du tracé des gammes secondaires sur les cercles.

Cercle de Ré (pl. II, fig. 2). — Cette note étant le produit de 594 vibrations, le cercle devra être divisé en 594 degrés, quantité nécessaire pour conduire à *ré* aigu ou *ré*₂, lequel correspond au nombre 1188 (594 × 2).

Mi sera inscrit à 66 degrés plus à gauche, *fa* après un intervalle nouveau de 44, *sol* de 88, *la* de 88, *si-bémol* de 44, *si* de 66 *ut*₂ de 66, et il restera de cette dernière note à *ré*₂ 132 degrés, ou le double des 66 de la gamme fondamentale; car il s'agit ici d'un nombre pris sur l'octave où 2 ne valent plus que 1.

Les notes *ré*, *sol* et *si* formeront ensemble le triangle équilatéral.

*Ré, mi, sol, si-bémol, si, ut*₂ occuperont des angles de l'ennéagone inscrit.

Fa et *la* n'ont de place que sur des angles d'un polygone de 27 côtés.

Quant aux rapports de chaque note avec celle de *ré* prise pour tonique, ils seront calculés de la manière suivante :

$$ré \frac{594}{594}, \quad mi \frac{660}{594}, \quad fa \frac{704}{594}, \quad sol \frac{792}{594}, \quad la \frac{880}{594}, \quad si\text{-}bémol, si \frac{990}{594}, \quad ut_2 \frac{1056}{594}, \quad ré_2 \frac{1188}{594}$$

$$\text{ou } 1, \qquad \frac{10}{9}, \quad \frac{32}{27}, \quad \frac{12}{9} \text{ ou } \frac{4}{3}, \quad \frac{40}{27}, \quad \frac{14}{9}, \quad \frac{15}{9} \text{ ou } \frac{5}{3}, \quad \frac{16}{9}, \qquad 2.$$

Ces rapports sont ceux qui ont servi à établir le système *B* des cercles harmoniques secondaires.

Le polygone commun à toutes les notes du cercle de *ré* est de 27 côtés.

Cercle de Mi (pl. 11, fig. 3). — Tonique de 660 vibrations, octave de 1320.

De *mi* à *fa* 44 degrés; de *fa* à *sol* 88; de *sol* à *la* 88; de *la* à *si-bémol* 44; de *si-bémol* à *si* 66; de *si* à ut_2 66; de ut_2 à $ré_2$ 132; de $ré_2$ à mi_2 132.

Si occupera le pôle nord et sera la dominante de *mi*.

Mi et *la* seront deux angles du triangle équilatéral.

Mi, *sol*, *si-bémol*, ut_2 et $ré_2$ décriront ensemble un pentagone.

Fa appartient à un angle du pentadécagone.

Il faut un polygone de 30 côtés pour toucher toutes les notes dans le cercle de *mi*.

Les rapports de chaque note avec celle de *mi* prise pour *tonique* sont :

$$mi\ \frac{660}{660},\ fa\ \frac{704}{660},\ sol\ \frac{792}{660},\ la\ \frac{880}{660},\ si\text{-}bémol,\ si\ \frac{990}{660},\ ut_2\ \frac{1056}{660},\ ré_2\ \frac{1188}{660},\ mi_2\ \frac{1320}{660}$$

$$ou\ 1,\quad \frac{16}{15},\quad \frac{6}{5},\quad \frac{4}{3},\quad \frac{7}{5},\quad \frac{3}{2},\quad \frac{8}{5},\quad \frac{9}{5},\quad 2.$$

Le cercle de *mi* répond à celui de *C* dans les cercles harmoniques.

Le polygone commun à toutes les notes de la gamme de *mi* est de 30 côtés.

Cercle de Fa (pl. 11, fig. 4). — Tonique de 704 vibrations, octave de 1408.

De *fa* à *sol* 88 degrés, de *sol* à *la* 88, de *la* à *si-bémol* 44, de *si-bémol* à *si* 66, de *si* à ut_2 66, de ut_2 à $ré_2$ 132, de $ré_2$ à mi_2 132, de mi_2 à fa_2 88.

Ut_2 occupera le pôle nord et sera la dominante de *fa*.

Fa, *la*, ut_2 seront trois angles du carré inscrit.

Fa, *sol* et mi_2 trois angles de l'octogone inscrit, en commun avec *la* et ut_2.

Si-bémol et *ré₂* n'apparaîtront que sur des angles du polygone de 16 côtés.

Il faut un polygone de 32 côtés pour toucher toutes les notes du cercle de *fa*. *Si* ne trouve place que sur un angle de ce polygone.

Les rapports des notes dans le cercle de *fa* sont :

$$Fa\frac{704}{704}, \ sol\frac{792}{704}, \ la\frac{880}{704}, \ si\text{-}bémol, \ si\frac{990}{704}, \ ut_2\frac{1056}{704}, \ ré_2\frac{1188}{704}, \ mi_2\frac{1320}{704}, \ Fa_2\frac{1408}{704}$$

$$\text{ou } 1, \qquad \frac{9}{8}, \qquad \frac{5}{4}, \qquad \frac{21}{16}, \qquad \frac{11}{8}, \qquad \frac{6}{4}, \qquad \frac{27}{16}, \qquad \frac{15}{8}, \qquad 2.$$

Le polygone commun à toutes les notes de la gamme de *fa* est de 32 côtés.

Cercle de SOL (pl. II, fig. 5). — Tonique de 792 vibrations, octave de 1584.

De *sol* à *la* 88 degrés, de *la* à *si-bémol* 44, de *si-bémol* à *si* 66, de *si* à *ut₂* 66, de *ut₂* à *ré₂* 132, de *ré₂* à *mi₂* 132, de *mi₂* à *fa₂* 88, de *fa₂* à *sol₂* 176.

Ré₂ occupera le pôle nord et sera la dominante de *sol*.

Sol, *ut₂*, *mi₂* seront les trois angles du triangle inscrit.

Sol, *si*, *ré₂*, trois angles du carré.

Sol, *si-b.*, *ut₂*, *ré₂*, *mi₂*, cinq angles de l'hexagone.

Sol, *la* et *fa₂* les angles de l'ennéagone.

Les rapports des notes dans le cercle de *sol* sont :

$$Sol\frac{792}{792}, \ la\frac{880}{792}, \ si\text{-}b., \ si\frac{990}{792}, \ ut_2\frac{1056}{792}, \ ré_2\frac{1188}{792}, \ mi_2\frac{1320}{792}, \ fa_2\frac{1408}{792}, \ Sol_2\frac{1584}{792}$$

$$\text{ou } 1 \qquad \frac{10}{9}, \qquad \frac{7}{6}, \qquad \frac{5}{4}. \qquad \frac{4}{3}, \qquad \frac{3}{2}, \qquad \frac{5}{3}, \qquad \frac{16}{9}, \qquad 2.$$

Le polygone commun à toutes les notes de la gamme de *sol* est de 36 côtés.

Cercle de LA (pl. II, fig. 6). — Tonique de 880 vibrations, octave de 1760.

De *la* à *si-b.* 44 degrés, de *si-b.* à *si* 66, de *si* à *ut₂* 66, de *ut₂* à *ré₂* 132, de *ré₂* à *mi₂* 132, de *mi₂* à *fa₂* 88, de *fa₂* à *sol₂* 176, de *sol₂* à *la₂* 176.

Mi₂ occupera le pôle nord et sera la dominante de *la*.

La, ut₂, fa₂ sol₂, seront les angles d'un pentagone inscrit.

Si-b., si et *ré₂,* trois angles d'un polygone de 40 degrés.

Les rapports des notes dans le cercle de *la* sont :

$$La\ \frac{880}{880},\ si\text{-}b.,\ si\ \frac{990}{880},\ ut_2\ \frac{1050}{880},\ r\acute{e}_2\ \frac{1188}{880},\ mi_2\ \frac{1320}{880},\ fa_2\ \frac{1408}{880},\ sol_2\ \frac{1584}{880},\ la_2\ \frac{1760}{880}$$

$$\text{ou }1,\ \frac{42}{40},\ \frac{45}{40},\ \frac{6}{5},\ \frac{54}{40},\ \frac{3}{2},\ \frac{8}{5},\ \frac{9}{5},\ 2.$$

Le polygone commun à toutes les notes de la gamme de *La* est de 40 côtés.

Cercle de Si-bémol (pl. II, fig. 7). — Le nombre des vibrations qui doivent produire le *si-b.* n'a pas encore été mesuré par la science, mais il peut être calculé, d'après la place qu'il occupe dans le cercle, à 924. Son octave sera de 1848.

De *si-b.* à *si* 66 degrés, de *si* à *ut₂* 66, de *ut₂* à *ré₂* 132, de *ré₂* à *mi₂* 132, de *mi₂* à *fa₂* 88, de *fa₂* à *sol₂* 176, de *sol₂* à *la₂* 176, de *la₂* à *si-b.₂* 88.

Si-b., ut₂, ré₂, mi₂ et *sol₂* occuperont 5 angles de l'heptagone inscrit.

Si-b., si, fa₂ et *la₂,* 4 angles d'un polygone de 42 côtés.

Les rapports dans le cercle de *si-b.* sont :

$$Si\text{-}b.\ \frac{924}{924},\ si\ \frac{990}{924},\ ut_2\ \frac{1056}{924},\ r\acute{e}_2\ \frac{1188}{924},\ mi_2\ \frac{1320}{924},\ fa_2\ \frac{1408}{924},\ sol_2\ \frac{1584}{924},\ la_2\ \frac{1760}{924},\ si\text{-}b._2\ \frac{1848}{924}$$

$$\text{ou }1,\ \frac{45}{42},\ \frac{8}{7},\ \frac{9}{7},\ \frac{10}{7},\ \frac{64}{42},\ \frac{12}{7},\ \frac{80}{42},\ 2.$$

Le polygone commun à toutes les notes de la gamme de *si-bémol* est de 42 côtés.

Cercle de Si (pl. II, fig. 8). — Tonique de 990 vibrations, octave de 1980.

De *si* à *ut₂* 66 degrés, de *ut₂* à *ré₂* 132, de *ré₂* à *mi₂* 132, de *mi₂* à *fa₂* 88, de *fa₂* à *sol₂* 176, de *sol₂* à *la₂* 176, de *sol₂* à *la₂* 176, de *la₂* à *si-b.₂* 88, de *si-b.₂* à *si₂* 132.

Si et *mi₂* occupent deux angles du triangle équilatéral.

Si, ré₂ et *sol₂*, trois angles du pentagone;

Si, ut₂ et *si-b.₂*, trois angles du pentadécagone, en commun avec *ré₂, mi₂* et *sol₂*;

Si, fa₂ et *la₂*, trois angles d'un polygone de 45 côtés.

Les rapports des notes, dans le cercle de *si*, sont :

$$\text{Si } \frac{990}{990}, \; ut_2 \frac{1056}{990}, \; ré_2 \frac{1188}{990}, \; mi_2 \frac{1320}{990}, \; fa_2 \frac{1408}{990}, \; sol_2 \frac{1584}{990}, \; la_2 \frac{1760}{990}, \; si\text{-}b._2 \frac{1848}{990}, \; si_2 \frac{1980}{990}$$

$$\text{ou } 1, \qquad \frac{16}{15}, \qquad \frac{6}{5}, \qquad \frac{4}{3}, \qquad \frac{64}{45}, \qquad \frac{8}{5}, \qquad \frac{80}{45}, \qquad \frac{28}{15}, \qquad 2.$$

Le polygone commun à toutes les notes de la gamme de *si* est de 45 côtés.

La série des cercles secondaires musicaux que nous venons de donner pourrait être suivie d'une deuxième, d'une troisième, d'une quatrième émission du même genre, indéfiniment continuée. Nous nous en tiendrons à une seule, à celle qui fournit la disposition et les rapports de la première série des cercles secondaires harmoniques exposés précédemment.

Chaque cercle a présenté ou des polygones qui lui étaient propres, ou des polygones communs à plusieurs, mais dans ce dernier cas avec des notes différentes. Il y aura dès lors variété constante dans les accords qui résulteront de la production simultanée de toutes les notes inscrites sur les angles d'un même polygone quel que soit le cercle.

Cette variété sera multipliée, en outre, dans deux circonstances :

1° Lorsque l'on supprimera du groupe d'un accord une ou plusieurs notes, ce qui est toujours possible;

2° Lorsqu'une ou plusieurs notes seront remplacées par leurs octaves, changement qui n'altère jamais les rapports avec la *tonique*.

Ainsi, dans le cas de l'accord carré, les praticiens ont l'habitude d'éliminer le *si-b.*, et même d'appeler *parfait* le tronçon *ut, mi, sol*;

Ainsi, dans le même accord, chacune des notes peut être à volonté portée aux octaves inférieures ou supérieures ;

Et le nombre des combinaisons dans lesquelles se présentent ces quatre notes devient dès lors considérable.

Sons harmoniques.

L'émission simultanée de plusieurs notes peut être produite par une seule attaque opérée sur un corps sonore. Le groupe de ces notes est en pareil cas toujours le même. On les appelle *sons harmoniques*. Leur jeu est une application des lois que nous avons déjà examinées. Il n'est pas un privilége exclusif de l'acoustique; mais celle-ci va en fournir encore le mécanisme.

Lorsque l'instrument appelé *monocorde* est disposé pour produire la *tonique* ut au moyen de 528 vibrations, il rend simultanément encore, quoique graduellement affaiblies, les notes suivantes :

1° Ut_2 résultant de l'addition au nombre des vibrations de la *tonique* de 528 nouvelles ondes sonores durant le même temps ;

2° Sol_2, produit d'une seconde addition semblable ;

3° Ut_3, d'une troisième ;

4° Mi_3, d'une quatrième ;

5° Sol_3, d'une cinquième devenue imperceptible, et qui certainement doit être suivie de si-$b._3$ et de ut_4.

Ut a été l'effet de la corde entière, ut_2 d'une moitié, sol_2 d'un tiers, ut_3 d'un quart, et mi_3, dernière note appréciable, d'un cinquième.

Appliqué au cercle harmonique, ce mécanisme donne des résultats conformes aux prévisions :

De ut placé au pôle sud d'un cercle de 528 degrés, le parcours de cette mesure conduit d'abord à ut_2; puis, en continuant, 528 nouveaux degrés, comptés dans l'octave où le nombre des vibrations est doublé, n'atteindront plus que la moitié de la circonférence où est sol_2; une troisième addition mènera sur ut_3; une quatrième, passant dans la double octave, sur mi_3 seulement, simple quart du cercle.

Le monocorde, si l'oreille humaine était plus délicate, lui eût donné ainsi, à des octaves différentes, toutes les notes de la gamme.

Elle lui fournit les sons correspondants à la série naturelle des nombres :

$$ut, \text{ ou } 1; ut_2 \text{ ou } 2; sol_2\left(\frac{3}{2}\times 2\right) \text{ ou } 3; ut_3 \text{ ou } 4; mi_3\left(\frac{5}{4}\times 4\right) \text{ ou } 5.$$

Le ton le plus grave que l'oreille perçoive a été apprécié à 33 vibrations par seconde. C'est le point de départ d'une gamme inférieure de quatre-octaves à l'ut qui vient d'être pris pour base; c'est l'ut_5.

Phrase musicale.

Il y a deux sortes de contrastes, ou d'*accords*, en musique. Ceux qui résultent de l'émission simultanée de plusieurs tons appartenant au même polygone, et qui constituent plus spécialement l'harmonie, puis ceux de la mélodie ou de l'émission successive des notes. Ce dernier genre de contraste est le seul que l'oreille saisisse aisément entre une note et celle qui la suit ou la précède immédiatement dans l'ordre d'une gamme. L'ouïe peut admettre alors la subdivision même d'un ton en demi-tons, mais comme moyen transitoire seulement et bien accusé vers un écho prévu. Et, pour que le doute n'existe pas, elle demande que, dans ce cas, la division du ton se fasse en deux parts légèrement inégales, que le point de section soit au delà du milieu, plus près de l'écho d'un vingt-quatrième de ton. C'est ce qu'expriment les praticiens au moyen des *dièzes* et des *bémols* employés accidentellement. Certains peuples ont acquis l'usage de pousser la subdivision, comme des oiseaux, jusqu'à des quarts de tons et obtiennent ainsi le moyen d'opérer des dégradations de teintes d'une extrême délicatesse.

Les tons de la gamme sont servis à l'oreille par la phrase musicale.

Soit qu'elle procède de la mélodie, ou qu'elle doive produire de l'harmonie, la phrase commencée par un petit nombre de notes, librement choisies, poursuit son essor d'écho en écho sous l'influence des prémisses, et l'achève en revenant à la *tonique*. On donne à celle-ci, sous ce rapport, le nom expressif de *finale*, et l'on désigne alors comme étant la *dominante* la note placée au pôle nord de la *tonique*.

Dans le système du cercle fondamental, la tonique est toujours *ut*, et la dominante *sol*. L'usage de ce mode musical qui devrait être généralement employé caractérisait néanmoins, dans l'antiquité, le peuple ionien. C'est encore le mode principalement usité dans l'Europe occidentale moderne, où règne aussi celui de *la*. Ce dernier prend le nom de *ton mineur* par opposition avec le mode *ut* grave qui reçoit alors la désignation de *ton majeur*.

Ces deux modes ont de telles affinités du reste que des populations rurales entières transforment involontairement en mélodies dans le *ton mineur*, celles qui étaient composées dans le *ton majeur*.

La *finale*, dans le *ton mineur* est la note *la* elle-même. Mais il n'arrive pas pour tous les modes secondaires qu'une finale soit ainsi la première note de leur gamme. Ce privilége n'appartient à une tonique que dans le cas où celle-ci, considérée sur le cercle fondamental, y serait un premier écho de *ut*. Si elle n'a été qu'un deuxième écho, on aura pour *finale* la note qui aura servi d'écho intermédiaire.

Quel que soit le cercle secondaire dont on fasse usage, l'*ut* grave, s'il n'a pas été pris pour *tonique*, est toujours sous-entendu.

Le mode *ré* fut jadis appelé *dorien*. On nomma *phrygien* celui de *mi*, et *lydien* celui de *fa*. C'est à l'emploi de ces modes que nous devons en partie le *plein-chant* de nos églises.

Composée sous l'influence de l'un ou de l'autre de ces modes, la phrase musicale reste inachevée. Elle a le caractère d'une simple proposition, d'une exclamation, d'une interrogation (¹).

La richesse des ressources conduisant à celle de l'œuvre, les praticiens devraient user plus spécialement, dans leurs compositions, de l'emploi des modes secondaires, dont ils ne font guère usage de nos jours que dans des cas éventuels sous le nom de *dissonances*.

Pour l'usage habituel, il ne serait pas inutile d'intercaler, parmi les cercles harmoniques, ceux de *ut-dièze, ré-dièze, fa-dièze* et *sol-dièze*.

Indépendamment des harmonies que produisent les émissions simultanées des notes appartenant au même polygone, ou ayant le même dénominateur dans leur rapport avec la tonique, les praticiens accroissent le nombre des effets possibles, en dotant successivement et à leur gré chaque ton des accords propres à cette dernière.

II.

LOIS HARMONIQUES DES COULEURS.

La vue distingue les images du monde extérieur par les contrastes d'ombre, de lumière et de couleurs en même temps que par ceux des formes.

Des vibrations de lumière analogues à celles du son, démesurément plus rapides, mais soumises à la même loi, traversent la pupille de l'œil et sont transmises par ce passage à l'appareil du nerf optique qui perçoit la sensation.

(¹) Dans la pratique moderne, les notes musicales sont représentées sur un groupe de lignes horizontales dont il a été nécessaire de réduire le nombre pour que l'œil pût le saisir. Chaque ligne est dotée du nom d'une note. Mais cette disposition, toute de convention, peut toujours faire place à une autre. Changer le nom d'une ligne, c'est, dans l'usage reçu, changer de ton. Or, il n'y a pas de rapport entre ce fait et celui de changer un mode musical.

CERCLES HARMONIQUES
des Couleurs.

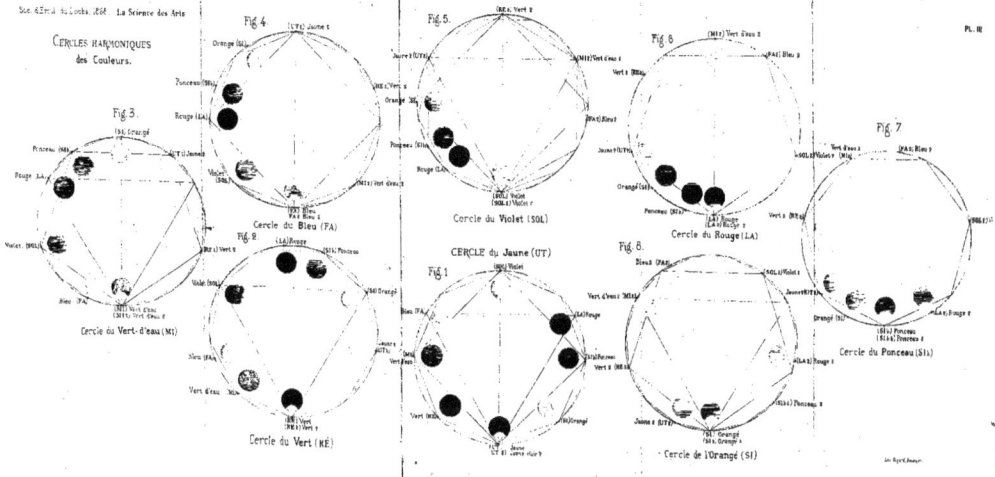

Fig. 3.

Fig. 4.

Fig. 5.

Fig. 6.

Fig. 7.

Fig. 2.

Fig. 1.

Fig. 8.

Cercle du Vert-d'eau (MI)

Cercle du Vert (RÉ)

Cercle du Bleu (FA)

Cercle du Violet (SOL)

CERCLE du Jaune (UT)

Cercle de l'Orangé (SI)

Cercle du Rouge (LA)

Cercle du Ponceau (SI♭)

Pl. II

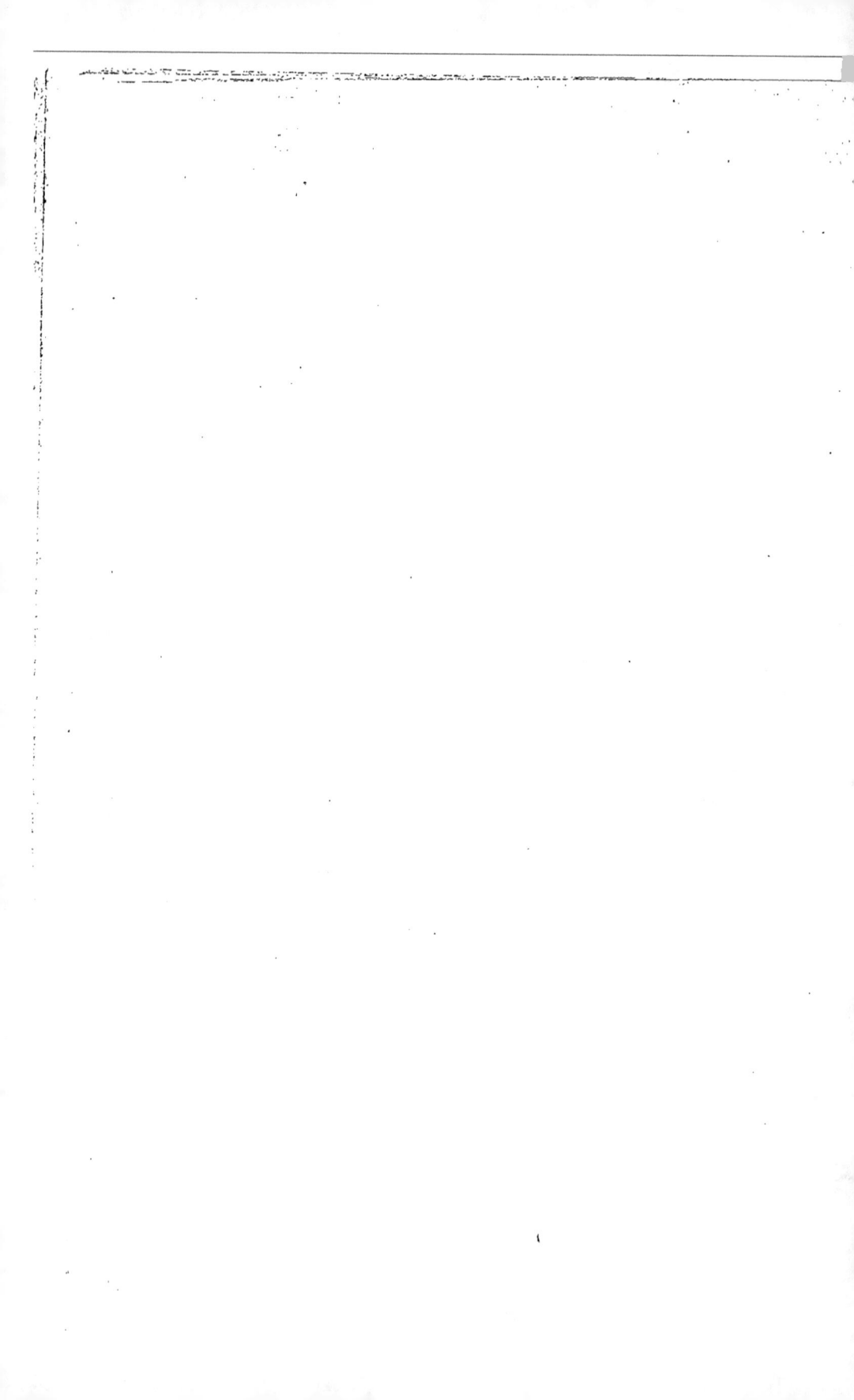

Gamme optique.

Un corps lumineux émettant la lumière parfaite dont celle du soleil a été prise pour type, produit, comme le corps sonore, une tonique, ses harmoniques et les éléments d'une gamme. Il émettrait à la fois, d'après la science actuelle, le *rouge*, l'*orangé*, le *jaune*, le *vert*, le *bleu*, l'*indigo* et le *violet*, chacune de ces couleurs précédée et suivie de nuances annexes. La lumière pénètre tous les objets éclairés; mais elle est en partie réfléchie par leur surface. Lorsqu'un objet réfléchit également chacune des couleurs, il est blanc. On le dit noir quand il absorbe tout, diaphane quand il se laisse transpercer. Et comme la lumière est destinée principalement, non pas à l'objet éclairé, mais aux mondes moléculaires qui gravitent en lui, il n'y a point de corps absolument blanc ou diaphane. On doit même considérer généralement les objets éclairés comme étant noirs à l'exception d'un faible reflet coloré.

La lumière éminemment blanche du soleil, prise pour type, a été décomposée au moyen d'un prisme transparent; puis des expériences précises ont donné aux physiciens le tableau suivant des couleurs avec la longueur des ondes de vibration de chacune en millionièmes de millimètres :

Couleurs ..	rouge	orangé	jaune	vert	bleu	indigo	violet	violet extrême.
Longueur de l'onde..	645	596	571	532	492	459	439	406

Ce tableau n'exprime pas complètement le faisceau des couleurs du spectre solaire. Car celui-ci a été privé notamment, avant d'arriver à nous, de ce bleu pur de toute parenté avec le *jaune* et le *rouge*, que l'on appelle l'*azur* et qu'ont retenu au passage les couches de l'atmosphère terrestre. Néanmoins si, partant des mesures connues, on prend pour unité la longueur de chemin représentée par 10,000 vibrations du *rouge;* si l'on établit en second lieu le nombre de vibrations employé par chacune des autres couleurs pour accomplir le même parcours; si l'on calcule enfin les différences successives de ces nombres entre eux, on arrive au tableau suivant :

3

Couleurs.	Rapports.	Différences.
Rouge	Unité 10,000	
		822
Orangé	10,822	
		474
Jaune.	11,296	
		809
Vert	12,105	
		1,004
Bleu	13,109	
		943
Indigo	14,052	
		640
Violet.	14.692	
		1,193
Violet extrême	15,885	

Total . . . 5885

Soit appliqué aux couleurs de ce tableau le procédé au moyen duquel ont été tracés les cercles harmoniques des sons. Après avoir divisé la circonférence en 5,885 parties, puis déterminé chaque point correspondant à l'une des différences qui viennent d'être établies, on reconnaît de suite que l'on a sous les yeux un cercle harmonique identique à celui de *ut mineur,* ou, pour mieux dire, de *la,* ainsi composé (pl. III, fig. 6) :

la	*si*	*ut₂*	*ré₂*	*mi₂*	*fa₂*	*sol₂*	*la₂*
rouge	orangé	jaune	vert	bleu	indigo	violet	violet extrême.

La coïncidence des positions est exacte : de *la* sur *rouge,* de *ré₂* sur *vert,* de *sol₂* sur *violet,* de *la* aigu sur *violet extrême.* Pour les autres couleurs, l'œil étant moins exercé à l'usage de la gamme optique que l'oreille à celui de la mesure des sons, des nuances annexes ont pris la place du ton normal. Néanmoins aucune incertitude ne subsiste, ni sur l'identité du point *si* avec l'*orangé,* ni sur celle de *ut* avec le *jaune* qui dès lors se trouve signalé comme la tonique de la gamme des couleurs (pl. III, fig. 1).

Mais il reste à remplir une lacune marquée par la note *fa₂,* èt dont la place sera occupée par l'*azur.* L'absence de ce ton avait fait naître deux inexactitudes dans son voisinage. L'une consistait à donner le nom de *bleu* au ton *vert d'eau-mi₂;* l'autre à établir inopportunément dans la gamme un *fa-dièze* qui est représenté ici par l'*indigo.*

Le *violet extrême* des physiciens n'est autre que le *rouge* clair, l'octave du *rouge-la*.

De même que nous avons dû réintégrer dans la gamme des sons le *si-bémol,* de même aussi, entre le *rouge-la* et l'*orangé-si*, nous donnerons place au ton *ponceau* dont le rôle est nécessaire pour ne pas laisser de vide dans la gamme optique.

Nous avons, en effet, pour compléter les documents fournis par les physiciens, et régler avec exactitude la gamme optique, un moyen sûr :

La lumière blanche, après avoir été décomposée, peut être reformée par la réunion des couleurs. De même le gris, à défaut de blanc, se produira toutes les fois que deux ou plusieurs couleurs formeront ensemble des accords exacts dans la gamme optique.

Ainsi le gris sera produit par le mélange des matières colorées de cette sorte :

1° *Jaune* et *violet* (accord *ut-sol*);

2° *Jaune, azur, rouge* (accord *ut-fa-la*;

3° *Jaune, vert d'eau, violet, ponceau* (*ut, fa, la, si-b.*).

Le même phénomène se reproduira toutes les fois que l'on mélangera les couleurs d'un accord quelconque, sans en omettre une seule, ou simplement celles qui occuperont les deux pôles opposés du cercle optique.

Dans ce dernier cas, on donne le nom de couleurs *complémentaires* aux deux tons. Pour que cette expression fût exacte partout, il faudrait l'employer également, et à l'égard de deux tons quelconques du triangle équilatéral par rapport au 3ᵉ, et à l'égard de trois tons du carré par rapport au 4ᵉ.

Les rapports de l'art des sons avec celui des couleurs sont au fond tellement intimes que les mêmes mots de la langue servent indifféremment pour l'un et pour l'autre. L'identité ne cesse que par la différence des sens chargés de servir à l'esprit les formules harmoniques en caractérisant la provenance de chacune d'elles.

On vient de voir par le tableau des couleurs du spectre solaire que le *rouge* et son octave sont entre eux dans le rapport de 10,000 à 15,885. Si l'on élève au cube les chiffres de ce rapport, il devient celui de 1 à 4.

Si l'on agit de même à l'égard du *jaune* et du *rouge* octave, leur rapport sera de 9 à 25.

Le rapport du *jaune* avec sa couleur complémentaire directe qui est le *violet,* deviendra de même 4 à 9.

En poursuivant ainsi ce moyen de contrôle; en opérant, dans le cercle des couleurs, les réformes nécessitées par l'introduction de l'*azur* et l'élimination de l'*indigo ;* en transformant enfin la gamme de *rouge* en celle de *jaune,* on arrive à ce résultat :

Couleurs . . .	jaune	vert	vert d'eau	bleu ou azur	violet	rouge	ponceau	orangé	jaune₂
Cubes des rapports des couleurs avec la tonique.	1	$\frac{81}{64}$	$\frac{25}{16}$	$\frac{16}{9}$	$\frac{9}{4}$	$\frac{25}{9}$	$\frac{49}{16}$	$\frac{225}{64}$	4

lequel est identique à celui que l'on obtiendrait en élevant, non plus à la troisième, mais seulement à la deuxième puissance, les rapports de la gamme des sons :

Notes.	ut	ré	mi	fa	sol	la	si-b.	si	ut₂
Carrés des rapports des notes avec la tonique.	1	$\frac{81}{64}$	$\frac{25}{16}$	$\frac{16}{9}$	$\frac{9}{4}$	$\frac{25}{9}$	$\frac{49}{16}$	$\frac{225}{64}$	4

Ainsi, pour parler une langue plus mathématique, les rapports musicaux sont identiques aux racines carrées des rapports de la gamme chromatique élevés à la troisième puissance.

Par le sens auditif, l'esprit perçoit la formule acoustique sur le tympan de l'oreille où l'onde sonore vient frapper, surface contre surface, en longueur et en largeur.

Par le sens optique, il perçoit une formule semblable, mais assujétie d'une part à s'inscrire sur la surface du fond de l'œil, d'autre part à subir de plus la condition de ce que les physiciens appellent la mesure de l'*angle visuel,* mesure destinée à donner la distance de l'objet éclairant; il veut longueur, largeur et hauteur.

En d'autres termes, l'esprit perçoit le carré des nombres sur ce qui lui est donné par l'ouïe, et leur cube quant à ce que lui transmet la vue. Il mesure en surface l'onde sonore, et par le volume l'onde lumineuse. Mais les formules harmoniques à percevoir restaient les mêmes dans les deux cas, quoique servies les unes par la racine carrée, les autres par la racine cubique des nombres (¹).

Des cercles optiques secondaires seront construits comme ceux de l'acoustique avec lesquels on voit qu'ils différeront seulement par la substitution des noms des couleurs à ceux des notes musicales (pl. III, fig. 2, 3, 4, 5, 6, 7 et 8).

D'après la gamme optique écrite sur les cercles harmoniques, cinq tons seulement ont, d'une manière normale, la propriété d'être directement chacun le complémentaire d'un autre : le violet sur le jaune, l'orangé sur le vert d'eau, le jaune aigu sur le bleu, le vert aigu sur le violet, le vert d'eau aigu sur le rouge.

Phrase optique.

Au moyen des tons qui forment entre eux des accords harmoniques, on compose les groupes des couleurs destinées à se faire mutuellement ressortir par leur juxta-position. La mélodie optique comporte l'émission de tous les tons de la gamme, ainsi que des demi-tons et des quarts de tons. De cette sorte, toute combinaison de notes, propre à former une phrase musicale, peut être reproduite avec des couleurs; et toute combinaison de couleurs, créée à la manière d'une phrase musicale, donnera comme celle-ci un chant. La phrase optique a pour finale naturelle le *jaune* qui est la tonique. Elle a, pour mar-

---

(¹) La gamme des couleurs a été déjà soupçonnée ; car un savant physicien, M. Pouillet, a dit : « Le rouge correspond à l'onde la plus longue, le violet à la plus courte ; ainsi le rouge et le violet sont, par rapport à l'œil, ce que les sons les plus graves et les plus aigus sont par rapport à l'oreille. »

quer ce qu'en musique on appelle *silence* et *pose*, le *blanc*, le *gris* ou le *noir*. Elle a, pour marquer sa fin, ou son périmètre, ces mêmes teintes neutres. Elle doit être cernée par l'une d'elles, et c'est sur ce périmètre que la *finale* prendra sa place comme intermédiaire entre une phrase et la phrase voisine.

Quoique l'usage de la gamme des couleurs ne soit pas enseigné, quelques peuples de l'Asie orientale, à force de répéter les mêmes types, sont arrivés naturellement à produire des phrases d'une extrême pureté, comme il advient si souvent de certains cris de la rue invariablement chantés du matin au soir. Ces phrases peintes plaisent toujours parce qu'elles chantent réellement aussi et qu'elles le font avec justesse.

Le bruit optique. — De même que tout n'est pas musical dans la production des sons, de même il y a, dans celle des couleurs, l'analogue du bruit. C'est l'effet qui résulte de la multiplicité et de l'incohérence d'action des tons colorés arrivant simultanément à l'œil. Leur multiplicité laisse l'esprit indifférent ; leur incohérence d'action le détourne. Ils produisent, par leur confusion et pour résultante, une sorte de gris faiblement coloré selon la circonstance, et que les artistes appellent le ton général. Pour qu'une couleur ressorte de ce milieu, il faut alors ou que l'œil l'ait cherchée, ou qu'elle se fasse distinguer, soit par un contraste bien net avec ses voisines, soit par l'intensité de la lumière, soit par l'une et l'autre de ces deux dernières circonstances. C'est ainsi que, sans être même bien éclairée, la fleur rouge brille sur la verdure mêlée des champs ; la fleur violette, puis la fleur bleue, sur la moisson de plus en plus dorée. La fleur jaune ressortira elle-même sur un fond vert, si celui-ci est très foncé, celle-là très claire, quoique le vert-*ré* et le jaune-*ut*, loin d'être complémentaires directs l'un de l'autre, appartiennent, dans la gamme optique, à des tons immédiatement voisins.

Couleurs simples et mixtes.

Les praticiens, qui ont jusqu'à ce jour appelé simples les couleurs *jaune, azur* et *rouge*, considèrent les *verts*, les *violets* et les *orangés* comme mixtes, c'est-à-dire comme les produits successifs du *jaune* avec l'*azur*, de celui-ci avec le *rouge*, enfin de ce dernier avec le *jaune*. Il y a une sorte de vérité dans cette assertion qui, au fond, ne se trouve nullement exacte. Chaque couleur éveille une sensation en rapport avec la place qu'elle occupe dans le cercle harmonique ; or, le triangle équilatéral, le plus simple des polygones inscrits, jouit de cette propriété que ses trois angles sont à des distances égales entre eux, conséquemment en des points aussi opposés que possible l'un à l'autre. Le ton propre à chacun de ces derniers lui appartiendra donc sans partage. C'est ainsi que le *jaune-ut* n'aura rien du *bleu-fa*, ou du *rouge-la*, et que ni l'un ni l'autre de ceux-ci ne participeront du ton des deux angles qui leur sont opposés.

Cette propriété de l'équidistance des angles entre eux tous ne se retrouve ni dans le carré, ni dans les polygones à un plus grand nombre de côtés. Quant à la ligne du pôle *ut* au pôle *sol*, elle n'est pas dénuée du privilége de l'équidistance des points en contraste ; mais son extrémité *sol* se trouve être aussi la reproduction mixte de *fa* $\left(\frac{4}{3}\right)$ et de *la* $\left(\frac{5}{3}\right)$, ou arithmétiquement égale à $\dfrac{\frac{4}{3}+\frac{5}{3}}{2}$ soit $\frac{3}{2}$, formule de la note *sol*.

Elle participera par égale part du bleu et du rouge ; elle sera violette, et tiendra en face du jaune le rôle double des deux couleurs précédentes. C'est le phénomène du violet qui est mixte dans ce cas et non un mélange supposé de deux tons.

Néanmoins, dans la pratique, on a l'habitude de composer des couleurs intermédiaires par des mélanges de matières. Le principe d'après lequel cette opération se pratique est que deux matières colorées de tons siégeant, dans le cercle de la gamme optique, à un tiers de circonférence au plus l'une de l'autre, produiront une sorte de moyenne d'où résultera l'effet, quoique très atténué, de la véritable note intermédiaire. On obtient ainsi des gris légèrement colorés, dont l'illusion sera grande pour les tons *vert d'eau-mi, violet-sol* et *ponceau-mi-b.* du carré inscrit, presque nulle quand il s'agira de produire le *bleu*, le *rouge* et le *jaune*. Car le *vert (bleu-jaune)* et le *violet (bleu-rouge)*, contenant ensemble du jaune, du bleu et du rouge, tendent à se résoudre par un intermédiaire qui est le gris ; et il en sera de même du *violet* avec l'*orangé*, du *ponceau* enfin avec le *vert*. Le coloriste habile évite à la fois ces écueils et corrige la faiblesse des tons qu'il compose alors en leur opposant avec adresse des couleurs complémentaires. Le procédé empirique, aveuglément employé, mais qui jusqu'à ce jour a joui du plus grand succès, est celui-ci :

A la couleur que l'on se propose de faire prévaloir on oppose, non pas sa complémentaire directe, mais les deux tons voisins dont le mélange aurait pu produire cette dernière. De la juxta-position de ces trois teintes, il résultera que l'œil allant de la couleur principale à la recherche d'une complémentaire directe qui n'existe pas, rencontrant à sa place successivement l'une et l'autre des voisines, et se reportant enfin sur le point de départ, ne verra plus exactement celui-ci, mais une teinte insaisissable répondant elle-même doublement comme com-plémentaire au couple opposé (¹).

En effet, il ne faut pas oublier que le contraste étant la

(¹) On donne ainsi ce que l'on appelle de la transparence à une couleur en opposant, par petites masses plus claires ou plus foncées :

Au jaune de l'indigo et du rose ;
Au vert du rose-rouge et du ponceau ;
Au vert d'eau de l'orangé et du jaune ;
A l'azur de l'orangé et du vert-pomme ;
Au violet du jaune et du vert d'eau ;
Au rouge du vert et de l'azur ;
Au ponceau du vert-vert d'eau et de l'indigo ;
A l'orangé du bleu et du violet.

pâture de l'esprit, celui-ci, au moyen des sens, non-seulement le saisit, mais le cherche et va au-devant de lui par besoin. Regardez le soleil lorsqu'au travers de l'atmosphère bleue il a perdu son azur, et qu'il est conséquemment devenu plus jaune et plus rouge, puis refermez les yeux. L'image solaire, par sa vivacité, a blessé la rétine de l'œil et y reste peinte durant quelques instants. Mais cette peinture affectera la couleur bleu-céleste qui est devenue la complémentaire des tons dominants apportés jusqu'à nous par la lumière de l'astre. Faites l'expérience lorsque le soleil, vu sous un horizon chargé de brume, a perdu, en outre, au travers des globules d'eau suspendues dans l'atmosphère, une partie de ses teintes vertes, l'image arrive aux yeux toute rougeâtre. Cessez de regarder, et l'impression qui persistera sur la rétine sera celle d'une nuance vert d'eau. L'idée de la couleur complémentaire ne peut donc jamais être séparée du sentiment de la couleur réelle.

Clair et sombre.

Aux procédés qui viennent d'être décrits pour établir le contraste des couleurs, s'ajoute naturellement celui de l'emploi du clair et du sombre. Il a pour effet de venir en aide au praticien dans la recherche qu'il poursuit d'un ton par le mélange des matières colorées.

L'homme ne peut employer que ce dont il dispose. Il lui arrivera donc le plus souvent d'avoir à se préoccuper des moyens de déguiser l'incorrection ou même la fausseté des notes fournies par les matières colorées.

Or, deux notes optiques seront d'autant moins fausses, en réalité comme en apparence, l'une par rapport à l'autre, qu'elles différeront davantage en intensité lumineuse. Clair et sombre, c'est la qualité qui se manifeste par le blanc, le gris et le noir. C'est la cause de modifications importantes dans l'impression laissée par les couleurs. Sous l'influence de ce genre de contraste les incorrections légères s'effacent; les plus considérables sont atténuées; la puissance des effets s'accroît.

L'art de disposer, relativement à ses intensités, la teinte neutre, c'est-à-dire le blanc, le gris et le noir, est soumis à la règle commune des lois harmoniques. Etant admise une certaine quantité de lumière pour tonique, l'octave sera représentée par un éclat plus intense ; et une gamme s'établira de l'un à l'autre. Cet art est pratiqué, empiriquement il est vrai, dans plusieurs circonstances. Certains graveurs savent que deux teintes plates, grises, l'une plus claire, l'autre plus sombre, juxta-posées, fournissent une espèce de contraste simplement désagréable par l'exagération naturelle des deux nuances près de la ligne de contact. Q'une troisième teinte grise intervienne et l'impression donnée par le groupe plaira le plus souvent. Le succès de ce genre d'épreuves est acquis à l'œuvre où les teintes se produiront suivant les mesures exactes des cercles harmoniques. Il lui donnera la vie.

On doit toujours employer simultanément les effets du contraste des couleurs avec ceux du jeu des intensités de lumière.

Que l'on ait à juxta-poser les couleurs d'un accord optique ; bien qu'il doive résulter du choix des tons un équilibre qui satisfasse l'esprit, il n'en est pas moins vrai que l'attention sera dispersée sur un ensemble. Que l'on veuille attirer celle-ci sur un détail, il faudra de suite étendre sur les autres un voile de gris plus ou moins épais suivant la circonstance, et qui laisse ressortir, ou en clair sur du sombre, ou en sombre sur du clair, la couleur préférée.

Lorsque nous avons dit ([1]) comment, à la couleur que l'on se proposait de faire prévaloir, il convenait dans certain cas d'opposer les deux tons voisins de sa complémentaire directe, l'indication donnée était encore insuffisante. Elle ne l'est plus, si l'on ajoute que les tons opposés doivent différer de la couleur à mettre en évidence par le jeu d'une lumière plus ou moins atténuée.

L'influence qui résulte du clair et du sombre pour deux

([1]) **Page 40.**

couleurs différentes est tellement puissante qu'elle dissimule, pour des cas ordinaires, toute incorrection. Le marbrier n'a pas d'autre ressource pour faire valoir les uns à côté des autres les matériaux fournis par le sol, et qu'il faut accepter sans en changer les teintes. S'il s'agit d'une seule pièce de marbre à faire ressortir en un lieu, elle doit être beaucoup plus claire ou beaucoup plus sombre que le fond sur lequel on la fixe. Deux marbres de couleurs diverses ne doivent être juxta-posés qu'autant qu'ils sont doués d'intensités lumineuses très distinctes. Pour assortir un plus grand nombre de pierres, on fait alterner les plus claires avec les plus foncées. Enfin, comme jamais les différences de teintes colorées ne sont assez marquées, il faut avoir recours aux marbres blancs ou noirs pour séparer les unes des autres les pièces trop peu dissemblables. Les marbres, sans ces vulgaires précautions, paraîtraient sales et défectueux.

C'est également en faisant alterner ce qui est foncé avec ce qui est clair que le marchand fait ses étalages d'étoffes diverses, et le jardinier ses plantations de fleurs. Il y a quelque difficulté à savoir disposer des couleurs; on réussit toujours en faisant alterner des objets sombres avec ceux qui sont lumineux. A celui qui doit prévaloir, on réserve le contraste du plus noir au plus blanc, laissant l'emploi des gris plus ou moins foncés pour les autres.

Juxta-position des couleurs.

Il n'est pas indifférent de donner à une couleur une surface plus ou moins étendue, et à celle-ci une forme quelconque. De là résulte une cause de valeur de la phrase optique. Au moyen de la différence des surfaces et des contours. le jeu des couleurs variera considérablement. Alors il ne faudra jamais oublier :

Que la gamme lumineuse alimentée par le soleil, ayant le *rouge-la* pour tonique, cette dernière couleur, la plus grave de toutes, a aussi la plus grande puissance et conséquemment le moins besoin de surface pour agir ;

Que dans un jeu de couleurs établi selon le mode fondamental *jaune-ut*, cette dernière couleur devra être protégée contre l'énergie du *rouge*, du *ponceau* et de l'*orangé* par l'étendue de sa surface et la rondeur de son pourtour;

Qu'il en sera de même, au besoin, pour toute couleur claire, par rapport à une note optique plus grave.

III

CONTRASTES DE L'ODORAT, DU GOUT ET DU TOUCHER.

Les savants, qui ont fourni des mesures si précises, en ce qui concernait les vibrations des sons et de la lumière, n'ayant rien donné d'analogue relativement à l'exercice des sens de l'odorat, du goût et du toucher, il ne peut exister sous ces rapports que des arts empiriques.

Odorat.

Les odeurs se transmettent par le moyen de l'air qui est leur véhicule obligé pour nous. Il leur impose son mouvement propre, les absorbe et les dissipe promptement dans sa porosité. Elles n'ont leur plus grande intensité qu'au point de départ. En raison de sa stature haute et raide, l'homme est mal disposé pour exercer son sens de l'odorat. Celui-ci semble ne lui avoir été donné qu'afin de contrôler ce qui est porté à la bouche, et de la mettre en garde contre les choses pestilentielles. Dans ce dernier cas même, l'homme peut réussir facilement à couvrir une mauvaise odeur par une bonne et à se déguiser ainsi le danger. Il n'a réellement pas le sens de l'odorat développé. Aussi n'existe-t-il pas pour lui de ces fêtes du nez qui caractérisent certains animaux. Il n'y a aucun art humain fondé sur le contraste dans la production des odeurs.

Néanmoins, dans la limite restreinte qui lui est assignée, l'homme peut être vivement affecté par le choix des senteurs, et même prendre plaisir à percevoir une odeur agréable, pourvu que la durée de cette jouissance soit bornée. Il appréciera même une succession d'odeurs choisies, pourvu qu'elles se produisent par intervalles bien distincts et sans confusion de l'une avec l'autre.

Goût.

Les choses les plus agréables au goût ne sont pas celles que le vulgaire répute les meilleures par elles-mêmes, ou auxquelles est attribué le plus grand prix, mais celles qui sont présentées de manière à former un ordre opportun de contrastes. A défaut de chiffres d'après lesquels pourraient être classées mathématiquement les saveurs, celles-ci seront empiriquement appréciées les unes par rapport aux autres, suivant qu'elles auront plus ou moins la propriété de se neutraliser mutuellement.

Peut-être trouverait-on ainsi un contraste direct entre les deux saveurs sucrée et fermenteuse ;

Un autre accord entre les trois suivantes :

Sucrée, acide et amère ;

Puis entre les quatre :

Sucrée, aigre, fermenteuse et douce-amère ;

Il résulterait de ces données, si elles étaient suffisamment exactes, un cercle harmonique dans lequel les notes se succéderaient ainsi :

Saveurs ...	sucrée	salée	âpre	acide	fermenteuse	amère	douce-amère	fétide	alcoolique
Notes correspondantes	ut	ré	mi	fa	sol	la	mi-b.	si	ut₂

Chacune de ces saveurs serait douce, ou forte, ou très forte, selon qu'elle appartiendrait à telle ou telle octave. Du degré de son intensité dépendrait son opportunité pour le sens humain.

Mais, il convient de le répéter, ces assertions demeureront tout à fait conjecturales tant que la science n'aura pas apporté des mesures exactes qui les corrigent, les confirment ou peut-être les suppriment en partie.

L'abstinence prépare l'appétit ; la variété de la nourriture devra le soutenir. Or, il y a déjà contraste dans le seul fait du passage de l'abstinence au repas, et il faudra de plus qu'il y ait encore contraste dans la production successive ou simultanée, selon le cas, des mets dont le service sera composé.

Il n'y a pas de mets si grossier qu'un contraste intelligemment établi dans les conditions les plus simples ne lui donne une véritable valeur. Il n'y a pas de cuisine si riche que l'absence des contrastes n'en fasse résulter une satiété anticipée ou le dégoût.

Conséquence immédiate de la loi des alternations, la variété des mets est nécessaire, les contrastes dans la variété rendent salutaire un repas dont l'abondance dépasserait même les limites assignées aux forces ordinaires de l'homme.

La plupart des mets représentent des accords de saveurs et non une saveur seule.

Aux contrastes des saveurs s'ajoutent ceux du froid ou du chaud qui les accompagnent, enfin ceux de leur mode de consistance.

Toucher.

Les contrastes, relativement au sens du toucher, se manifestent dans les différences de pression, de frottement, de rugosité, de sec et d'humide, de dur et de mou, enfin de chaud et de froid. De l'exagération des différences naîtra, sous l'empire de la même cause, le plaisir ou la douleur.

Le toucher est, pour l'enfant, un premier moyen de langage; et il reste ensuite l'instrument le plus essentiel de l'activité humaine.

L'art de baigner, de frictionner et de masser les membres est susceptible de recevoir une grande extension sous le double rapport de l'utilité et de l'agrément.

IV

LOIS HARMONIQUES DE LA FORME.

Les sens perçoivent la FORME par le toucher non moins que par la vue, ces deux procédés étant destinés, sous ce rapport, à se contrôler et à se compléter l'un l'autre.

Nous avons vu ces locutions : *accord* ou *harmonie,* prévaloir dans le langage pour exprimer les mesures des contrastes, nous aurons à user maintenant de préférence du mot *Equilibre* pour exprimer la même idée.

En traçant les cercles harmoniques, nous avions déjà dessiné d'avance les cycles dans lesquels toute forme parfaite trouverait écrits les éléments de sa constitution. Les nombres qui correspondront aux subdivisions de la gamme en tons, en demi-tons et même en quarts de tons, vont être ceux des diverses parties d'une forme; et celle-ci deviendra de la sorte un champ composé de mélodies et d'accords.

Formes naturelles.

Dieu ne fixe pas seulement la forme propre à l'individualité; il trace aussi celle du groupe. Dans ce dernier cas, il fait fléchir la rigueur de la loi en vue d'une utilité plus générale. Un peuple aura plus d'indéterminé qu'un essaim d'abeilles; celui-ci qu'une autre société appelée arbre; l'arbre que le bloc minéral. Mais tout individu, cristal, feuille ou fleur, abeille, homme, toute unité de l'un de ces groupes restent soumis à une impérieuse nécessité de structure intime suivant les règles de l'harmonie ou de l'équilibre. Un exemple précisera le sens de ces observations, exemple qui demande préalablement la revue des cercles harmoniques sous une face nouvelle.

Les nombres.

On n'a pas oublié que nous avons limité à une première série de huit, en raison de leur utilité majeure et pour la commodité du raisonnement, le nombre des cercles harmoniques. Dans chacun d'eux, les notes de la gamme occupent un certain mode de distances relatives. Elles exigent, pour être toutes casées sur les angles d'un seul polygone, que celui-ci ait :

Dans le cercle de *ut*........ 24 angles.

de *ré*....... 27

de *mi*....... 30

de *fa*....... 32

de *sol*...... 36

de *la*....... 40

de *si-b*..... 42

de *si*....... 45

Les rapports $\left|\frac{24}{24}\right|\frac{27}{24}\left|\frac{30}{24}\right|\frac{32}{24}\left|\frac{36}{24}\right|\frac{40}{24}\left|\frac{42}{24}\right|\frac{45}{24}$

sont au reste les mêmes que ceux de la gamme :

$$1\left|\frac{9}{8}\right|\frac{5}{4}\left|\frac{4}{3}\right|\frac{3}{2}\left|\frac{5}{3}\right|\frac{7}{4}\left|\frac{15}{8}\right.$$

Ainsi une gamme peut être exprimée par la simple énonciation des nombres suivants :

ut	*ré*	*mi*	*fa*	*sol*	*la*	*si-b.*	*si*
24	27	30	32	36	40	42	45

dont chacun renferme en lui-même, sous la forme de facteurs arithmétiques, par la quotité des angles, tous les polygones inscrits que comporte géométriquement le cercle harmonique, de la note correspondante.

Dans cet ordre de nombres, *ut* étant 24, 12 exprimera l'octave au-dessous, 48 l'octave au-dessus, et ainsi de suite soit par la tonique, soit pour les autres notes de la gamme, et avec toutes les conséquences qui doivent être déduites de ce mode de langage.

Il y a donc des nombres en quelque sorte privilégiés ainsi que leurs multiples et leurs sous-multiples :

24 et ses facteurs.... 12, 8, 6, 3, 2 et 1;

27................. 9, 3 et 1;

30................. 15, 10, 5, 3, 2 et 1;

32................. 16, 8, 4, 2 et 1;

36................. 18, 12, 9, 6, 4, 3, 2 et 1;

40............. 20, 10, 8, 5, 2 et 1;

42................. 21, 14, 7, 3, 2 et 1;

45................. 15 9, 5, 3 et 1.

D'autres apparaîtront aussi, mais seulement pour exprimer les demi-tons et plus rarement encore les quarts de tons.

L'œil fixé sur le tableau des nombres privilégiés et sur leur jeu dans les cercles harmoniques, arrivons à l'exemple annoncé.

Ossature humaine.

Nous choisissons dans la forme qui nous est la plus familière la chose la plus connue, le squelette humain. Eh bien ! la quantité des os, des dents et des ongles de l'homme va représenter exactement ce qui se passe, en nombres, dans les trois accords de la gamme fondamentale :

1° L'accord carré, *ut, mi, sol, si-b.;*

2° L'accord triangle, *ut, fa, la;*

3° Le même commençant par *la grave : la, ut, fa.*

De plus, chacune des notes de ces accords résumera des nombres représentant eux-mêmes d'autres accords subordonnés.

Comptons :

Premier accord.

Noms et nombres des os.		Noms et nombres harmoniques.
Vertèbres dorsales 12, lombaires 5, cervicales 7, total	24 —	*ut* 24
Crâne 8, sacrum et coccix 8, face 14.	30 —	*mi* 30
Côtes 24, épaules 4, bassin 2, bras et avant-bras 6.	36 —	*sol* .... 36 } 132
Carpe 16, métacarpe 10, les 1res et 2es phalanges des doigts de chaque main, pouces non compris, 16.	42 —	*si-b.* 42

Deuxième accord.

. . . .		*ut* déjà compté.
Cuisses et jambes 6, rotules 2, tarse 12, métatarse 10.	32 —	*fa* 32
Les 1res et 2es phalanges des doigts des pieds 16, les pouces des mains et des pieds 8, toutes les 3es phalanges 16.	40 —	*la* .... 40 } 72

Troisième accord.

Ongles des pieds et des mains 20.	20 —	*la grave*... 20
. . . .		*ut* déjà compté } 52
Dents 32	32 —	*fa* 32
Total 256		Total 256

Les nombres partiels dont l'addition vient de servir à composer successivement les groupes harmoniques du squelette humain, appartiennent tous au tableau des nombres que nous avons appelés privilégiés. Mais, dans près de moitié des cas, leur présence donnera lieu à l'apparition indirecte d'autres nombres auxquels il est donné de ne jouir de la même qualité qu'à un titre conditionnel.

Ainsi, par exemple, dans le premier accord, à propos de la note *ut* 24, le chiffre partiel 12 (vertèbres dorsales) représentait $\frac{24}{2}$ ou *ut* grave.

Il devenait, augmenté de 5 (vertèbres lombaires), 17;

Il devenait, additionné avec 7 (vertèbres cervicales), 19.

Or, 17 et 19 sont ici les notes *sol bémol* et *sol dièze*, gravitant en sens inverse sur *sol*-18, deux chiffres dont la moyenne seule est normale.

Mais cette moyenne eût eu pour effet de rompre l'unité du groupe au profit de deux parts égales, tandis qu'une paire de moitiés légèrement inégales, compléments l'une de l'autre, produisent un résultat contraire. La dissonance qui semble devoir être attachée à l'émission de ces deux demi-tons est effacée par leur dualité même. Aussi ce genre de groupe dans lequel peuvent apparaître des nombres comme 11 et 13, 13 et 17, 17 et 19, 19 et 23, 23 et 29, 29 et 31 et ainsi de suite, comporte-t-il toujours l'assemblage de deux chiffres, plus rarement de trois chiffres, les uns ou les autres également inséparables. Nous reviendrons ultérieurement sur cette circonstance (¹).

Les observations qui viennent d'être faites ne sont pas les seules à tirer de l'exemple précédent. On a vu les nombres correspondant à trois des principaux accords harmoniques former un total général de 256, et le squelette humain se trouver de même composé de 256 pièces ou de 32 huitaines

(¹) Voyez ci-après les Rhythmes.

d'os et d'ongles. Chez les animaux dotés, par exemple, de 27 vertèbres, comme l'ours, le lion et d'autres carnassiers, ou de 31 comme le cheval, la formule serait de 34, de 33 ou de 30 huitaines, selon le cas. Le principe ne varierait pas; les accords servant de base à l'organisation seraient seuls différents.

Celui qui opérera ce genre d'investigations devra se rappeler : qu'une note étant représentée harmoniquement par les octaves, tout nombre, dans la nature, pourra être de même remplacé par un autre qui en serait le double ou la moitié. Il y aura donc des squelettes de 8, de 4, de 2 pièces, et même d'une seule. D'une espèce animale, végétale ou minérale, à une autre, la différence consistera souvent dans le simple fait de nombres doublés en certaines circonstances ou réduits de moitié. La règle est alors que l'importance relative de la partie modifiée diminue ou s'accroisse selon que le nombre des sub-divisions sera, au contraire, plus grand ou plus petit.

Parmi les animaux dont il vient d'être parlé, les carnassiers ont, de la tête au sacrum, 27 vertèbres. C'est, paraît-il, leur nombre caractéristique; c'est harmoniquement l'expression de *ré*. Mais quatre de ces vertèbres, les vertèbres dorsales à côtes flottantes, occupent une place qui, chez le cheval, animal d'une toute autre nature, aurait besoin d'une extension plus grande en raison des nécessités du volume de l'estomac. Doublez le nombre 4 et vous aurez 31 vertèbres au lieu de 27, le système vertébral du cheval au lieu de celui du lion et des carnassiers. Seulement 31 n'étant ici qu'une manifestation du nombre 27 doublé dans une de ses parties, les vertèbres du cheval seront moins fortes que celles du lion, proportion-nellement à l'accroissement numérique des ossements.

Entre deux carnassiers, le lion et le chien, un caractère distinctif sera dans la différence du nombre des dents mache-lières, 6 à chaque branche de la mâchoire du chien, 3 seule-ment, ou moitié moins, de chaque côté de la mâchoire supé-rieure du lion, lequel est conséquemment doué sur ce point d'armes relativement plus robustes.

Le dauphin, autre carnivore, mais dépourvu de deux membres sur quatre, doit à cette réduction de nombre la vigueur de ses deux bras qui lui servent de nageoires.

Expression de la loi des contrastes, la rigoureuse exactitude des nombres privilégiés ne se dément jamais ni dans l'ordre de subdivision de l'unité, autrement de la gamme, ni dans la parité des unités ou des gammes, lors même qu'il doit y avoir avortement ou changement de disposition de quelques parties. Ainsi l'homme a quatre membres qui, deux à deux, sont complètement symétriques. Mais les jambes auront besoin de rotules, pièces inutiles pour les bras, et le carpe de la main devra satisfaire à d'autres nécessités que le tarse du pied. Eh bien, le nombre des os et ongles de chacun des quatre membres restera fixé néanmoins à 30, en dehors des épaules et du bassin; et pour que ce résultat soit accompli sans changer la parité numérique des bras et des jambes, le tarse n'aura que 7 os au lieu des 8 du carpe. Quant au huitième, faisant défaut au pied, il se trouvera employé à servir de rotule, et l'intégralité des nombres sera sauve.

Nous venons de parler des épaules et du bassin. Les premières ont chacune deux os; l'autre n'a qu'un os de chaque côté. C'est encore ici, dans un même individu, la répétition des exemples cités plus haut quant aux nombres doublés ou restreints à moitié, c'est-à-dire représentant la même note dans deux octaves différentes. Le nombre des os des épaules humaines est double en fait de celui des os du bassin; il est, harmoniquement, le même. Cette circonstance dénote qu'il pourra exister des animaux ayant autant d'os au bassin qu'aux épaules, et effectivement il en est ainsi, sauf, bien entendu, la réserve toujours faite par la nature de tenir compte de cette augmentation de deux os sur un point pour en retrancher d'autres ailleurs, de manière à maintenir dans la proportion normale le chiffre total des ossements de la bête. Il pourrait, par exemple, arriver que chaque épaule ne se composât plus que d'un os au lieu de deux.

Plantes. — Chez les plantes, où les nombres privilégiés ne jouent pas un autre rôle que chez les animaux, les manifestations de la loi commune sont plus faciles à saisir quant à ce qui concerne l'individualité soit de la feuille, soit de la fleur, soit du fruit; elles échappent au contraire le plus souvent à l'observation pour tout ce qui tient à l'ensemble. La cause en est que la plante, étant destinée à être pâturée même partiellement, a reçu, par compensation, la propriété de vivre quoique privée d'une grande partie de ses membres. Etre mutilée, c'est son état le plus habituel. Aussi la nature a-t-elle fait de cette circonstance même une loi secondaire donnant naissance à des formes spéciales, la loi des avortements.

En revanche, l'individualité, dans la plante, est constituée selon les facteurs les plus simples : 1, 2, 3, 5, et selon ces nombres multipliés une ou plusieurs fois par 2. De là ces dénominations, adoptées par nos botanistes, de systèmes ternaire ou quinaire et de leurs multiples, ou bien encore de système binaire provenant soit de lui-même ou du facteur 2, soit de ce nombre considéré comme octave de 1. Il y a des plantes qui, en naissant, se manifestent par deux cotylédons; elles se développent ensuite suivant le système quinaire : elles sont constituées conformément à la gamme de *la* qui renferme les facteurs 2 et 5 à l'exclusion du nombre 3. Il en est d'autres qui se développeront, au contraire, sous le régime de 3; elles seront en *ré* d'où tout autre facteur est exclu, et ne pourront avoir qu'un seul cotylédon.

Quel que soit, du reste, celui des facteurs qui formera l'élément du chant de la plante, le même nombre se manifestera fatalement dans toutes les parties. La feuille à 3 ou à 5 lobes annonce la fleur à 3 ou à 5 subdivisions jusque dans les moindres détails.

Pour les plantes comme pour les animaux, le régime des nombres privilégiés subsiste dans la composition chimique elle-même.

État moléculaire. — Les corps simples qui entrent dans la composition des plantes et des animaux, disent les chimistes, sont particulièrement l'hydrogène, le carbone, l'oxigène, l'azote, le soufre, le fer, le calcium, et le phosphore. Or, entre le premier de ces corps, l'hydrogène et les autres, l'équilibre pondéral des molécules ne s'établit pas dans une mesure arbitraire; il a lieu, à une seule exception près dont la raison nous échappe, suivant les nombres privilégiés que l'on a vus inscrits précédemment chacun en son rang, qui se sont manifestés jusque dans les détails de l'ossature humaine, et que l'on retrouvera dans ce tableau :

Hydrogène . . . . 1 molécule

Carbone. 6

Oxigène. 8

Azote. 14

Soufre 16

Fer. 28

Calcium 28

Phosphore (exception — *fa-dièze* de la gamme de *sol* —) 31

Sept de ces nombres sont à la fois et des multiples des facteurs 1, 2, 3, 5 ou 7 et des nombres entiers, c'est-à-dire tous en même temps, par rapport à la molécule d'hydrogène prise pour la tonique, des facteurs simples ou composés, propres à quelqu'une des notes de la gamme dans des octaves différentes.

Le phosphore qui vient de faire exception dans le tableau précédent, et tous les corps que la science désigne aujourd'hui sous le nom de *corps simples,* devraient se trouver de même en rapports harmoniques les uns avec les autres; mais, d'une part, le calcul d'un *équivalent chimique,* ou poids relatif d'une molécule, est encore sujet à erreur; et, d'autre part, le chimiste ne voit que par des raisonnements et des expériences la nature intime de la matière étudiée. Néanmoins le groupe actuel des corps présumés simples a présenté déjà, au point de vue des *équivalents chimiques,* un ensemble considérable de rapports harmoniques.

Si, l'état respectif des molécules échappant à l'action directe de nos sens par leur ténuité, nous cherchons au contraire à porter nos investigations sur un monde analogue, celui des astres, ces derniers, d'abord visibles, se dérobent encore à nous, mais par leur extrême grandeur. Comment donc en définitive et à quelles distances relatives les molécules d'un corps gravitent-elles entre elles ? L'un des documents que l'on possède à cet égard est le rapport numérique qui existe dans notre système planétaire :

De Mercure au Soleil d'une part ;

De Mercure à chacune des planètes d'autre part.

Ce rapport, d'après les données astronomiques, pourrait être ainsi représenté sommairement :

Mercure,	Vénus,	Terre,	Mars,	Cérès....,	Jupiter,	Saturne,	Uranus....
0,	3,	6,	12,	24,	48,	96,	192....

Quant à la distance de Mercure au Soleil, elle est, dans cet ordre de choses, représentée par 4.

Or, en plaçant l'unité sur Mercure, et sans altérer les rapports des distances entre elles, on transformera ainsi cette série :

Soleil,	Mercure,	Vénus,	Terre,	Mars,	Cérès...,	Jupiter,	Saturne,	Uranus...
$\frac{4}{3}$	1,	2,	4,	8,	16,	32,	64,	128...

Ce que, dans la langue des sons, il faudrait écrire ainsi :

Soleil,	Mercure,	Vénus,	Terre,	Mars,	Cérès...,	Jupiter,	Saturne,	Uranus...
$fa-s$,	ut,	ut_s,	ut_3,	ut_4,	ut_5,	ut_6,	ut_7,	ut_8...

Là s'est à peu près bornée l'indication de la série harmonique signalée par les astronomes. La planète Neptune, récemment découverte, est venu rompre cette régularité en se plaçant, par rapport à Uranus, dans la position de ut_2 du mode *mi.*

Or, si petite que soit dans le monde supérieur la partie occupée par notre système solaire, elle présenterait, au point de vue moléculaire, plusieurs incidents de nature à en compliquer l'examen dans une analyse chimique, si elle était possible. Ce serait notamment :

L'immensité de la molécule Soleil par rapport au volume des planètes qui lui sont liées suivant des formules harmoniques très simples, et que l'on ne saurait voir coexister sans lui ;

L'état des planètes dotées de satellites ;

Celui de fractionnement de la planète à laquelle appartiendrait Cérès ;

Les aérolithes ;

La différence des poids spécifiques dans ces astres.

D'autres circonstances encore rendraient indécise la détermination de la base atomique présentée par un pareil système. On pourrait être conduit soit à ne tenir compte que du Soleil seul, à cause de son action prépondérante, soit à le réunir aveuglément à ses planètes avec leurs satellites, ce qui constituerait alors un groupe et non plus l'unité moléculaire, soit enfin à prendre le poids du système entier avec ses bolides et les autres éléments plus ou moins connus qui constituent l'ensemble. L'analyse aurait peine à dégager la molécule de ce milieu essentiellement complexe.

Au reste, simples ou non, les corps sont assujétis à se comporter les uns avec les autres, en toutes circonstances, suivant des règles fixes.

Lorsque des gaz se combinent, le volume résultant sera toujours, ou égal à la somme des parties composantes, ou réduit dans une proportion rigoureusement harmonique.

Lorsqu'il est donné à un *corps simple* de pouvoir s'unir à un autre dans plusieurs proportions, les combinaisons s'opéreront, du premier au second, suivant les rapports :

$$ut\ 1,\ sol\ \frac{3}{2},\ ut_2\ 2,\ sol^2\ \frac{6}{2},\ si\text{-}b._2\ \frac{7}{2},\ ut_3\ 4,\ \text{etc.}$$

Un des exemples les plus complets que fournisse actuellement l'état de la science, quant aux accords devant résulter des combinaisons chimiques, se voit dans ceux de l'oxigène et du soufre.

200 molécules d'oxigène avec autant de molécules de soufre,

c'est le rapport exprimé par le nombre 1 ; c'est, dans la gamme, le caractère de la tonique. Le chiffre $\frac{2}{1}$ représenterait la même tonique à une octave plus haut, circonstance à laquelle correspondrait la combinaison d'une quantité d'oxigène double de celle des 200 molécules de soufre. Le premier de ces composés porte le nom d'*acide hyposulfureux*, le second celui d'*acide sulfureux*. Ils sont à l'octave l'un de l'autre. Or, il existe d'autres combinaisons encore de l'oxigène avec le soufre. Les unes et les autres, au nombre de 6, vont être exposées dans le tableau suivant, avec leurs noms actuels, et chacun en regard de la note musicale qui lui est numériquement identique :

ut 1 . . . . . . Acide hyposulfureux (soufre 1, oxigène 1) $= \frac{1}{1} = 1$

mi $\frac{5}{4}$ . . . . . Id. tétrathionique (. . . . . . 4, ... 5) $= \dots \frac{5}{4}$

la $\frac{5}{3}$ . . . . . Id. trithionique (. . . . . . 3, ... 5) $= \dots \frac{5}{3}$

ut₂ $\frac{2}{1}$ . . . . . Id. sulfureux (. . . . . . 1, ... 2) $= \frac{2}{1} = 2$

mi₂ $\frac{5}{2}$ . . . . . . Id. dithionique (. . . . . . 2, ... 5) $= \dots \frac{5}{2}$

sol₂ $\frac{3}{1}$ . . . . . . Id. sulfurique (. . . . . . 1, ... 3) $= \frac{3}{1} = 3$

Ajoutons, comme particularité, que l'un des cas de combinaison de l'oxigène avec le soufre donnant naissance à un composé caractérisé, de même que l'acide hyposulfureux, par le rapport $\frac{1}{1}$, mais qui ne se conserve pas, et auquel a été donné le nom de *penta-thionique*, celui-ci se transformant de lui-même, reproduit successivement les cinq autres cas de la série. Il agit d'une manière qui rappelle la tonique suivie de ses harmoniques sur le *monocorde*. *Ut, mi, la*, dans le ton grave, puis *ut₂, mi₂, sol₂*, tels sont donc, du moins jusqu'à ce jour, les accords connus, le chant de l'oxigène et du soufre. La seule vue de ce tableau indique les lacunes à remplir encore.

La science, fournit enfin, relativement à deux corps, l'azote
et l'oxigène, une série de combinaisons présentant des rapports
rigoureusement identiques à ceux des sons harmoniques du
monocorde :

$ut_1,$ $\dfrac{1}{1}$: Protoxide d'azote   (azote 1, oxigène 1) $= \dfrac{1}{1} = 1.$

$ut_2,$ $\dfrac{2}{1}$: Bioxide d'azote $(\ldots 1, \ldots\ldots 2) = \dfrac{2}{1} = 2.$

$sol_2,$ $\dfrac{6}{2}$ óu $\dfrac{3}{1}$: Acide azoteux $(\ldots 1, \ldots\ldots 3) = \dfrac{3}{1} = 3.$

$ut_3,$ $\dfrac{4}{1}$: Acide hypoazotique $(\ldots 1, \ldots\ldots 4) = \dfrac{4}{1} = 4.$

$mis,$ $\dfrac{20}{4}$ ou $\dfrac{5}{1}$: Acide azotique $(\ldots 1, \ldots\ldots 5) = \dfrac{5}{1} = 5$

Polyèdres. — On sent déjà, par ce qui précède, comment le
principe de toute forme est dans l'équilibre parfait des parties
qui la composent, et comment cet équilibre est représenté
numériquement par des combinaisons variées des facteurs
1, 2, 3, 5, 7...... Au simple point de vue de l'abstraction, les
formes pourraient se réduire à un petit nombre, à la sphère
et aux cinq polyèdres réguliers que celle-ci peut circonscrire et
qui sont les suivants :

Le *tétraèdre,* où 4 points sont en équilibre entre eux et autour
d'un centre. Il a 4 angles solides formés chacun de 3 angles
plans, 4 faces terminées de même chacune par ces derniers,
enfin 12 angles plans. C'est l'emploi des facteurs 2, 2 et 3.

L'*hexaèdre,* ou cube : 8 angles solides formés chacun par
3 angles plans; 6 faces carrées; 24 angles plans. C'est l'emploi
des facteurs 2, 2, 2 et 3.

L'*octaèdre :* 6 angles solides formés chacun par 4 angles
plans; 8 faces triangulaires; 24 angles plans. C'est l'emploi,
dans un autre ordre, des facteurs de l'hexaèdre.

Le *dodécaèdre :* 20 angles solides formés chacun par 3 angles
plans; 12 faces pentagonales; 60 angles plans. C'est l'emploi
des facteurs 2, 2, 3 et 5.

L'*icosaèdre :* 12 angles solides formés chacun par 5 angles plans; 20 faces triangulaires; 60 angles plans. C'est l'emploi, dans un autre ordre, des facteurs du dodécaèdre.

Mais la nature, pour multiplier indéfiniment le nombre des formes vivantes, ne se borne pas à l'emploi de la sphère et des polyèdres.

Angles et courbes. — En principe, la nature affectera aux liquides la forme globulaire et les courbes suivant lesquelles celle-ci peut se développer; aux solides, la forme polyédrique; aux solides imprégnés de liquides en mouvement, des formes d'autant plus arrondies que la proportion du mouvement et du liquide sera plus considérable : la courbe sera l'expression sommaire du mouvement, l'angle celui de la stabilité relative.

Symétrie naturelle. — Un autre caractère venant s'ajouter aux deux précédents exprimera la vie dans une forme. C'est la *symétrie* : deux moitiés d'un même tout en parfait contraste quant à chacune de leurs parties, disposition analogue à ce qui résulte de la vue d'un objet et de son image reproduite dans une glace. En effet, de même que dans l'ordre de filiation des êtres chacun doit naître d'un père et d'une mère, de même aussi chacun portera en soi ce principe de dualité qui répond à la nécessité des deux sexes. Il y aura dans chaque individu deux images et deux pôles opposés. Le cercle, le triangle, le pentagone, les sphéroïdes, les polyèdres, toutes masses ou toutes surfaces, dérivant des uns et des autres, resteront des formes inertes en tant que l'on n'y distinguera pas les caractères d'une division symétrique possible. Mais celle-ci peut subsister même lorsque l'extrême fluidité du corps vivant aura nécessité l'enveloppe sphéroïdale en apparence la plus complète, comme pour l'œuf et pour certaines graines.

Il est des corps en qui la vie ne peut être que soupçonnée, comme le globule d'eau; il en est d'autres, comme les cristaux de la glace qui, se formant d'abord en aiguilles par l'addition successive d'une infinité d'éléments dans le même sens, et soumis au régime combiné des facteurs 2 et 3, produisent une variété considérable de figures hexagonales où tantôt le périmètre, tantôt les axes de la figure, avortent, mais où persiste toujours une symétrie irréprochable. Goutte de rosée ou flocon de neige, la matière composante est la même; mais il y a là deux formes différentes et deux êtres distincts ayant chacun ses garanties de conservation. Le flocon de neige vivait au milieu de circonstances de température variables dans certaines limites, mais avec sa chaleur propre et, relativement, constante. Pour qu'il succombe, ou simplement pour que son eau passe de l'état solide à l'état liquide, il faudra que celle-ci recouvre d'abord 80 degrés de chaleur dont l'absence était nécessaire à la condition intime du cristal de glace et ne se manifestait en rien au dehors.

De même, lorsque dans des circonstances thermométriques variables de 0 à 100 degrés, un globule d'eau liquide se sera formé, il jouira aussi d'une température propre et de conditions particulières de conservation ; il ne succombera plus qu'à un excès de chaleur ou de froid dépassant de beaucoup les limites auxquelles commencent la vaporisation ou la congélation. C'est l'indice de la vie; c'est donc un motif de présomption de l'état de symétrie dans le globule. On ne devra plus s'étonner d'y rencontrer la manifestation de deux pôles opposés, et leurs conséquences.

Les êtres doués de vie remplissent le monde; la symétrie est donc, proportionnellement, ce qui frappe le plus souvent les yeux. L'esprit la cherche, la voit, la conçoit partout.

Il l'a retrouvée dans le corps solide, aux parties intégrantes assujéties à cristalliser suivant des types, et dont la forme est circonscrite par des plans, des lignes droites et des angles. Cet être multiple, privé de la faculté de locomotion, a cependant un mouvement de croissance d'où résulte la formation d'un groupe. Nonobstant les avortements qui interrompent alors à chaque pas le comptage de ses angles et la longueur de ses voies rectilignes, l'accroissement s'opère, au fond, suivant le principe de la symétrie.

Corps solide et liquide à la fois, la plante doit à la première

de ces circonstances la rigidité de ses membres, à la seconde
un mouvement de croissance circulaire, le tracé d'une hélice
autour d'un axe. De même que la feuille, la fleur et le fruit
se développent symétriquement, de même l'élément de la
croissance, ce que les botanistes appellent la *spire*, est composé de deux courants contigus et symétriques desquels naîtra
le bouton. Il y aura 2, ou 3, ou 4, ou 5 boutons également
répartis sur un cycle; peut-être faudra-t-il 2 cycles, 3 cycles
mêmes pour produire ces nombres ou leurs dupliques; peut-
être les courants, après avoir eu lieu vers la droite se conti-
nueront-ils dans le même sens, ou seront-ils rejetés sur la
gauche par un obstacle naturel, puis de la gauche vers la
droite pour recommencer indéfiniment cette succession de
changements; peut-être l'axe de la tige sera-t-il fictif et le
support réduit à un tube enveloppant les spires. Aucune combinaison, quelque variée qu'elle soit par ses courbures, ses
déviations et ses avortements, ne pourra, dans ses variétés, se
produire sans la symétrie, source inévitable de l'enfantement
successif des feuilles, des fleurs et des rameaux.

Comme le corps de la plante, celui de l'animal affecte les
formes les plus arrondies pour ses parties les plus liquides, et
un sentiment prononcé de lignes droites pour sa charpente
solide. Cette dernière étant destinée elle-même à être inté-
rieurement parcourue par des fluides, conserve toujours un
extérieur dessiné par des courbures plus ou moins parfaites
selon la plus ou moins grande proportion de la liqueur con-
tenue. Puis, pour les nécessités de la locomotion, cette charpente est subdivisée en pièces distinctes, quoiqu'ajustées entre
elles, et terminées par des têtes arrondies lorsqu'un besoin
de mouvement exige cette disposition. Tantôt, comme chez
l'homme, la charpente osseuse, à l'exception des ongles, sera
intérieure; tantôt, comme chez certains insectes, elle formera
une coque extérieure : dans aucune de ces circonstances le
principe de la symétrie ne se dément. Il existe dans la vertèbre,
laquelle est susceptible d'être considérée comme le résultat de

deux moitiés d'un même os; il existe encore entre l'os d'un membre droit et celui d'un membre gauche, quoique l'un et l'autre soient distincts et séparés. Le même ordre de choses règne dans toutes les autres régions du corps, de telle sorte qu'il n'y ait nulle part, nonobstant les complications de l'organisation, la moindre partie qui soit privée de son complément symétrique. De cette dualité de l'animal ressort la faculté donnée à l'individu, dans certaines espèces, d'être à la fois mâle et femelle, de pouvoir même remplir seul, en vue de nécessités exceptionnelles, le double rôle de père et de mère.

Attitude. — Constitué selon le système symétrique, l'animal ne se montre presque jamais néanmoins dans la position qui répondrait géométriquement à cette forme. Car il faudrait, pour qu'il en fût ainsi, que la droite et la gauche eussent à obéir simultanément à la double sollicitation d'objets extérieurs disposés eux-mêmes symétriquement entre eux par rapport à l'animal. Mais toutes les fois qu'un mouvement doit s'opérer dans l'une des moitiés du corps, il s'en manifeste un second, dans le même instant, de l'autre côté, ayant pour but de rétablir l'équilibre de position ou d'effort de la masse. C'est une sorte de symétrie de l'action à laquelle l'ensemble du corps prend part lorsque cela est nécessaire. La droite peut avoir une autre occupation momentanée que la gauche; alors chaque moitié se dispose pour faire équilibre à l'autre, sans qu'il y ait symétrie de figure, mais sans qu'il cesse d'y avoir contre-poids. L'attitude générale que prend le corps en vue d'une action a reçu des statuaires le nom de *mouvement*. Comme le *mouvement* varie sans cesse dans l'animal, l'ensemble de sa forme se présente constamment aussi sous un aspect différent.

Destination. — Dans son attitude la plus habituelle, comme dans ses moindres actions, chaque animal trahit le rôle auquel Dieu l'a destiné, et pour lequel il a reçu une organisation spéciale. Il n'est aucun être qui n'ait été plus perfectionné que tous les autres sous un rapport. Depuis l'homme jusqu'au ver de terre et jusqu'à d'autres animaux presque privés de la faculté de locomotion, la complication dans les organes et dans la charpente diminue de plus en plus; mais il n'en est pas de même quant à la perfection des instruments propres à l'accomplissement de la destination première. L'homme, avec sa machine compliquée, n'a pas la perfection de l'oiseau pour voler dans les airs, du poisson pour aller sous l'eau, de la sauterelle pour s'élancer, du ver pour s'enfoncer sous terre. Autant d'êtres, autant de destinations; autant de destinations, autant de formes parfaites. Chaque être a son privilége exprimé par des formules qui le font distinguer de son plus proche voisin comme un nombre diffère d'un autre.

Art de la forme.

L'art de la forme veut donc de même :

Que la destination de l'objet soit fixée;

Et que la constitution de cet objet résulte, dans toutes ses parties, de la destination, afin que celle-ci soit intelligible pour l'esprit.

L'esprit reconnaît une production, et non un débris, si dans l'attitude, qui peut varier, il voit l'invariable symétrie de la constitution.

Il distingue en celle-ci la nature plus ou moins fluide, plus ou moins solide, de chaque partie, aux courbures qui expriment le premier état, aux plans et aux angles qui expriment le second.

Ces mêmes dispositions nées de l'élément soit curviligne, soit rectiligne, lui montrent encore ce qui est propre au mouvement et ce qui est le signe de la stabilité relative.

Il cherche dans les fractionnements d'unité de la ligne, de la surface, de la masse, les nombres qui lui sont le plus familiers : 1 et 3 plus souvent que 5, 5 que 7; ou leurs dupliques lesquels sont 2, 4, 6, 8, 10, 12....., et saisit les contrastes des uns avec les autres.

Quant aux diverses parties de l'individu, considérées chacune comme unité, l'esprit ne les comprend, et la nature ne les lui présente que constituées les unes par rapport aux autres suivant un langage connu, celui de l'*harmonie*.

Le groupe des unités de même nature n'est pas nécessairement constitué selon les accords de l'harmonie; il l'est toujours conformément à ceux de la mélodie.

Il ne peut y avoir groupe entre des unités de formes différentes, comme entre les feuilles, les fleurs et les fruits d'un même arbre, qu'autant que les unes et les autres ont des éléments numériques communs. Il y a groupe entre des choses en apparence différentes lorsqu'elles sont reliées par le même principe générateur.

L'art pratique, après avoir conçu une forme suivant sa destination, en fait ressortir l'ensemble et les diverses parties au moyen des contrastes suivants :

Le grand par rapport au petit;

La simplicité d'une surface à côté de la multiplicité des détails;

Les dispositions angulaires, planes ou rectilignes, par opposition aux courbures;

Les saillants et les rentrants;

L'aigu et l'obtus.

Il fractionne la partie conformément aux nombres qui servent de *facteurs* dans les rapports harmoniques;

Il compose l'ensemble de parties constituées, les unes relativement aux autres, selon ces rapports harmoniques dont on a vu que les éléments sont eux-mêmes des formules de contraste.

V

LES RHYTHMES.

Un rhythme est la production successive des unités d'une même chose par temps égaux.

Il y avait égalité de durée dans chacune des vibrations qui faisaient naître soit un son, soit une couleur; elle subsistera dans toutes les oscillations d'un corps en liberté.

Il y aura égalité de durée dans chacun des mouvements successifs d'une masse sidérale; ce sera le rhythme de l'astre.

L'animal sentira les pulsations de ses artères se succéder par efforts et par temps égaux. La marche, la course, la nage, le rampement, le vol, la parole, le chant, le rire, le frémissement, toute action de l'animal sera rhythmée.

On peut accélérer ou ralentir la vitesse de ses pas. Leur durée de temps sera différente dans chacune de ces deux circonstances; mais, dans l'une ou dans l'autre, on marchera *en mesure*.

Si l'on veut faire, exceptionnellement, des pas inégaux en durée, il faudra, pour chaque inégalité, employer le même effort de volonté que pour changer l'allure générale. Et alors, à moins d'une infirmité qui prive de leur liberté les mouvements de l'animal, le changement de vitesse n'occasionnera qu'une modification du même rhythme, conformément à une loi qui nous est déjà connue, la loi générale des nombres privilégiés.

En effet, dans la nature, l'unité du rhythme aura pour multiples ou sous-multiples : le plus souvent 2, — c'est le principe des oscillations et de la symétrie, — 3 plutôt que 5, 5 que 7; puis les dupliques de 2 et de 3; mais non des nombres quelconques.

C'est sur l'irrésistible autorité de ce principe que se trouve fondé l'art du rhythme, particulièrement pour la musique, la danse et la poésie.

Rhythme dans la musique.

L'émission de la phrase musicale se fait pendant une certaine durée que le praticien divise en *mesures* d'égales longueurs. Chaque *mesure* est divisible elle-même en ce que l'on appelle des *temps*. Il y a des *mesures* de 2 ou de 3 *temps* et des dupliques de ces deux nombres. Elles sont alors *binaires*, *tertiaires, quaternaires*.....

Simultanément avec la marche et les *cadences* du rhythme, les notes musicales se produisent successivement, mais chacune avec sa durée propre, laquelle, loin d'être toujours celle d'une *mesure* ou d'un *temps,* représente au contraire le plus souvent une somme très variable de fractions prélevées sur un ou sur plusieurs *temps.*

Ce fractionnement des *temps* ne s'opère pas d'une manière arbitraire. Il est, au contraire, constamment le résultat d'une répartition suivant les nombres 2, 4, 8, 16...., à laquelle se trouve également subordonnée la liberté des notes.

Ainsi, dans le langage des praticiens, l'unité de note aura pour signe une *ronde.*

Celle-ci vaudra 2 *blanches,* ou 4 *noires,* ou 8 *croches,* ou 16 *doubles-croches*.....

Chacune de ces valeurs peut être remplacée par un *repos,* ou interruption équivalente en durée de temps.

Les contrastes dans le rhythme d'un chant résulteront donc, d'une part, de l'uniformité invariable de la *cadence,* et, d'autre part, de la variété de durée des *notes.*

Ils résulteront encore des diversités de longueur de ces *notes,*

Et enfin de l'alternance des *notes* et des *repos.*

La continuité d'un son rhythmé, sans l'intervention des contrastes, ferait naître l'indifférence, le sommeil ou même la torpeur.

Rhythme de la danse.

A tous les animaux il a été donné un besoin d'exercer jour-
nellement la machine entière de leur corps. Pour le plus grand
nombre, dont l'organisation est très simple, les mouvements
les plus habituels suffisent. Il n'en est pas de même dès que
la complication du corps devient plus grande. L'homme, pour
sa part, a reçu la faculté de *danser*.

La provocation à la *danse* se fait naturellement d'une moitié
symétrique du corps à l'autre. Aussi, en toute circonstance,
le rhythme de la *danse* a-t-il au fond pour principe le régime
du nombre 2.

Quand l'homme danse, tout, en lui, se met au même
rhythme. Les appétits de musique s'éveillent et s'accommodent
de suite au mouvement qui devient un sous les deux rapports.
La musique, en accentuant le rhythme, peut alors dominer
l'action, la diriger et la soutenir au delà même des forces
ordinaires de l'individu.

Il y a donc de la musique spécialement propre à la danse et
dont la mesure est essentiellement binaire. Elle conserve cette
qualité, au point de vue de la danse, quelle que soit la déno-
mination que lui donnent les praticiens, et même lorsqu'il
s'agit de la *mesure* dite à 3 *temps*, deux *mesures* successives de
ce genre formant toujours par leur accouplement un véritable
rhythme à 2 *temps*.

Le point de départ étant le jeu des deux parties symétriques
du corps, le chorégraphe a toujours pour objet, dans ses tracés
de mouvements, une répartition égale de l'action entre la droite
et la gauche. De là cette affectation de symétrie des figures où
se produisent les contrastes de la *danse*.

Ces contrastes naissent de la diversité de direction des mouvements, de leur amplitude plus ou moins grande, plus ou
moins vive, de l'intervention des repos et de la variété des
figures même qui se succèdent.

Dans certaines *danses*, comme la *valse*, le rhythme semble régner seul. Mais en cette circonstance, par compensation, la plus grande variété pratique subsiste dans le détail même du pas. Celui-ci, divisé en trois mouvements, fournit alternativement deux parts, puis une seule, à chaque pied.

Conformément à une règle déjà connue (¹), les danses qui devront être composées de parcours limités affecteront la forme rectangulaire et les angles. Au contraire, le cercle et les courbes paraîtront seuls dans les figures de danses continues, ou n'ayant qu'une limite facultative.

Rhythme dans la poésie.

L'art du rhythme, dans la poésie, assigne une longueur au *vers*, et le règle conformément aux nombres 2, 3, 5, 7, ou à deux dupliques de 2 qui sont 4 et 8, à deux dupliques de 3 qui sont 6 et 12, enfin à un duplique de 5 qui est 10. Il peut donc y avoir des vers de 1, 2, 3, 4, 5, 6, 7, 8, 10 et 12 *temps*. Dans les poésies anciennes, chacun de ces *temps* était composé ou d'une syllabe appelée *longue*, ou de deux *brèves*, ou dans certains cas d'une seule brève. Il ne consiste plus, chez nous, qu'en une syllabe, longue ou brève par elle-même, et qui, dans le vers, est toujours admise comme ayant la valeur d'une unité.

Tout poème qui est destiné à être chanté et, disons-le, *dansé*, prend nécessairement cette dernière allure.

Il doit alors se composer de vers rhythmés comme les mouvements de la danse. Quoiqu'un poème ait rarement cette destination, elle semble avoir motivé le genre de construction de tous nos vers modernes à l'exception de ceux qui sont à 5 ou à 7 *temps*. Elle a certainement dicté la forme du vers que nos poètes réservent cependant pour les sujets les plus graves, le vers à 12 syllabes. Il a été divisé en deux hémistiches égaux terminés chacun par un mot entier à la suite duquel on doit marquer un repos. Or, sous le rapport du rhythme, il résulte

---

(¹) Voir les contrastes de la forme.

d'abord de cette combinaison que notre *grand vers* composé
de 12 syllabes étant simplement et sans autre préparation
opportune, le produit des nombres 2 et 3, demeure, contre
l'intention du poète, un guide également acceptable pour les
danses soit à 2, soit à 3 *temps*. Il résulte encore de cette disposition par hémistiches que, dans chacun de nos grands vers,
il y en a réellement deux, parfaitement complets l'un et l'autre,
et qu'ainsi l'unité manque.

Le vers à 12 *temps* des anciens n'avait pas ces inconvénients ;
car le point de repos, au lieu d'être marqué entre le 6ᵉ et le
7ᵉ *temps*, c'est-à-dire, au milieu de la marche, se trouvait entre
le 5ᵉ et le 6ᵉ. Le vers était ainsi divisé en deux périodes inégales
l'une de 5 et l'autre de 7 *temps*. C'est, nous le rappellerons, le
système rationnel de partage de l'unité par rapport au nombre
12. C'était le mode de subdivision des vertèbres dorsales humaines : 5 à côtes flottantes, 7 à côtes fixes ; c'était de même le
rapport des vertèbres lombaires avec celui des cervicales. C'est
enfin la loi suivant laquelle est partagée la gamme musicale :
2 tons *ut, ré*, puis un demi-ton *mi,* ou cinq demi-tons pour la
première partie ; ensuite 3 tons *fa, sol, la* et un demi-ton, ou
sept demi-tons pour la deuxième. En d'autres termes, l'*hexamètre* des anciens, composé de 6 couples de *temps* appelés
mesures, avait son repos au milieu même de la 3ᵉ, laquelle ne
pouvant rester inachevée appelait son autre moitié et, par elle,
la continuation du vers. L'*hexamètre* jouissait de la sorte des
avantages d'un rhythme très riche, combinaison des facteurs
2, 2 et 3 ; puis de l'unité résultant de la non-parité de ces deux
parties composantes : les nombres 5 et 7. Le même point de
partage existait dans un autre vers à 12 *temps* composés alternativement d'une brève et d'une longue et que l'on appelait
iambe.

Rien n'empêchait nos poètes modernes d'employer le même
procédé pour donner l'unité à leur grand vers, et le dégager,
lorsqu'il y avait lieu, d'un caractère de danse trop prononcé
ou inopportun.

La règle devrait être alors :

De couper selon 5 et 7 le vers de 12 syllabes ;
—   selon 4 et 6 le vers de 10   —
—   selon 3 et 5 le vers de 8   —
—   selon 3 et 4 le vers de 7   —
—   selon 2 et 3 le vers de 5   —

Les *repos,* dans la diction d'un poème, ne sont pas seulement ceux que comporte la facture du vers ; ils se reproduisent encore partout où il y a fin de phrase, partout où il y a un *point,* une *virgule,* partout même où il y a quelque chose à marquer. Mais, en allongeant le temps de la diction du vers, le repos ne doit jamais altérer la marche du rhythme. Un repos vaudra soit un *temps,* soit plus, soit une fraction de *temps.* Dans le dernier cas, ce sera en agissant sur la syllabe voisine laquelle devra s'allonger ou se raccourcir, de telle sorte que le compte total de l'un et de l'autre n'amène aucune perturbation dans la cadence.

En effet, dans toute poésie, et dans la nôtre particulièrement, où les *brèves* comptent pour un *temps* comme les *longues,* l'intervention de certains *repos* serait un obstacle à la marche du rhythme, si la durée assignée par l'usage soit aux *brèves,* soit aux *longues,* était géométriquement déterminée. Mais celle-ci n'est que relative, et les syllabes conservent toujours une élasticité qui permet de les accommoder avec l'étendue des *repos.*

La seule différence de rhythme qui existe dans la diction du vers ou dans le chant, c'est que ce dernier exige un comptage réglé d'avance comme s'il s'agissait d'une condition chorégraphique, et que le premier cas reste subordonné à l'intérêt du sens du poème.

Constitué comme on vient de le voir, l'*hexamètre* des anciens portait en lui-même son commencement et sa fin, et pouvait se reposer dans son unité sans appeler une continuation du poème. Des lors la nature du sujet traité par le poète appelait seul le vers suivant. On avait imaginé, par l'invention du *distique,* de grouper le vers *hexamètre* et un autre que l'on nomma *pentamètre,* mais qui, sinon par son nombre de 5 *pieds* ou de 10 *temps,* du moins par le mode de la diction, resta l'équivalent du premier sous le rapport de la mesure générale. En effet, après un premier hémistiche composé de 5 *temps,* apparaît, dans le vers, un repos obligatoire d'un *temps* avant que l'on doive poursuivre la diction du second hémistiche. Quant à la terminaison de ce dernier, il était si nécessaire d'y marquer un deuxième repos, que des Latins se firent une règle de clore invariablement la phrase avec le *distique.* En résumé, le *distique* est un couple formé de deux vers différents de longueur quant au texte, égaux quant à la durée de la prononciation, et dont le second, en opposition avec le principe d'unité du premier, acquiert, par ses deux hémistiches, le caractère de dualité propre à la danse.

Au moyen du jeu de la rime, nos poètes ont accouplé de même leurs vers 1 à 1, puis, par une succession périodique des terminaisons *masculines* et *féminines,* 2 à 2. Tout poème français devint ainsi quaternaire à peu d'exceptions près.

La rime était une nécessité, dans les vers à hémistiches, pour y faire distinguer nettement la fin du milieu. Elle servit, en outre, à empêcher la confusion entre eux des vers les plus courts. Mais elle eut surtout pour résultat d'étendre le sentiment de l'action rhythmique sur 4 vers à la fois, chacun de ceux-ci appelant les trois autres.

Nous avons parlé d'exceptions à ce système. Elles consistent en ce que, notamment pour les besoins du chant, le poème peut être composé de groupes à 5, ou à 6, ou à 7 vers, nombres qui ne sont pas quaternaires. Dans ces divers cas, l'une des deux espèces de rime se reproduira dans 3 vers au lieu de 2.

Moyen accessoire dans la poésie, la rime jouit néanmoins parmi nous d'une telle faveur que le public en fait volontiers le caractère spécial du vers. Le rhythme de la poésie n'est pas, en effet, un privilége exclusif pour elle. De même que la phrase du vers, celle de la prose a besoin aussi d'être dite suivant certaines quantités de *temps;* elle a ses *mesures.* Quand une prose est bien faite, elle présente comme une série de vers courts, non rimés, constamment variés dans le nombre et la nature des syllabes. De plus, en raison de l'élasticité de ces dernières et d'une liberté plus grande encore dans la durée des repos, la diction de la prose peut et devra ne jamais s'écarter des règles du rhythme.

De tout ce qui précède, il résulte que la seule variété dont soit susceptible l'ensemble rhythmique d'un poème consiste, en premier lieu, dans certains groupements.des vers pour les besoins du chant et de la danse; en second lieu, dans le système binaire du distique et le système quaternaire de la rime.

Il résulte encore que les éléments du contraste résident dans l'organisation du vers lui-même quant au rhythme. Le vers porte, dans sa composition intime, l'effet simultané de quatre nombres différents combinés différemment deux à deux :

Deux d'abord qui, par leur addition, formeront un nombre total égal à celui des temps, — c'est le principe de la *césure* ou *repos* — (ainsi dans l'hexamètre, la première partie de 5 temps et la seconde de 7, en tout un total de 12);

Deux autres qui, par leur multiplication mutuelle, donneront le même résultat, — c'est le principe de la *mesure* — (ainsi dans le même hexamètre, 6 mesures de 2 temps chacune font un produit de 12 temps).

Les premiers, comme les derniers, seront exclusivement quelques-uns de ces chiffres 1, 2, 3, 4, 5, 6 et 7.

Le principe comporte néanmoins deux observations : l'une, que pour les vers ayant moins de 4 *temps,* le plus petit des quatre nombres nécessaires pourra figurer alternativement et comme facteur et comme partie à additionner; l'autre que dans le cas d'un vers à un nombre de *temps* impair, les deux facteurs seront et ce même nombre et l'unité : 7 et 1, 5 et 1, 3 et 1. Le vers à quatre temps tient de l'une et de l'autre circonstances.

Il résulte enfin que le rhythme de la poésie rencontre continuellement, comme occasions de contraste, non-seulement les *repos* de la *césure* et de la fin du vers, mais encore ceux qu'exige l'accentuation du sens du sujet.

VI

L'ESPRIT ET LES LOIS HARMONIQUES.

Ainsi donc le monde est en mouvement suivant un nombre déterminé d'espèces primitives de rhythmes.

Entre les rhythmes divers, et dans la marche elle-même d'un rhythme quelconque, se montrent ou peuvent se montrer des contrastes.

Les contrastes se manifestent suivant des apparences essentiellement dissemblables, mais conformément à un nombre très limité de rapports fixes, partout les mêmes, qui ont été vus précédemment, et qui sont la langue commune entre les choses, entre celles-ci et l'imagination. C'est le passeport des sensations qui parlent dans cette arène; ce sera celui des actes qu'émettra l'esprit à son tour.

Rhythme et uniformité, contraste et attention, en somme : deux modes universels de relations réciproques du dehors et du for intérieur, l'un disposé pour recevoir par les organes communication de tout ce qui l'intéresse, l'autre auquel doit retourner une réaction de tout ce qui a été communiqué; le monde et l'esprit sont deux moules réciproques se contrôlant et s'affirmant sans cesse l'un l'autre.

Lorsque l'homme voudra faire œuvre d'art, il aura pour point de départ son propre esprit, pour but l'imagination ou les imaginations auxquelles il s'adressera, pour moyen les procédés du rhythme et du contraste. Il agira réellement avec des idées sur des idées. Sa préoccupation principale doit donc être de bien connaître le régime suivant lequel celles-ci naissent les unes des autres, se lient et se développent.

Transmission des idées par le rhythme.

Ainsi que nous l'avons déjà dit précédemment, toute chose qui vibre ayant la propriété de propager dans les autres ses vibrations, un rhythme, une fois formé et qui aura pu atteindre un organe propre à le percevoir, arrivera, par ce passage spécial, au siége de l'imagination où il renforcera les mouvements oscillatoires antérieurs de même nature et non encore apaisés. S'il n'est pas trahi par des contrastes, il agira dans l'imagination sans éveiller l'esprit. Toutes les idées dans lesquelles l'action du rhythme aura pénétré s'animeront au même moment par cet élément commun, chacune suivant son état de force, et elles réagiront sur le corps, lequel traduira irrésistiblement par des signes extérieurs l'impression reçue. Ces signes étant encore des mouvements vibratoires auront à leur tour la propriété de se propager au dehors. C'est ainsi que l'on verra se transmettre, d'un visage humain à un autre, à mille autres même, les rhythmes du rire, des pleurs, de la peur, de la colère, de la pitié, de l'envie, du regret, de l'enthousiasme. Le chant fera chanter, la danse danser, la fièvre trembler. La vue d'une attaque d'épilepsie rendra peut-être épileptique un homme bien portant du reste. Tant que l'âme n'intervient pas, ou que des circonstances nouvelles ne surviennent pas pour interrompre cette propagation mutuelle des actions rhythmiques, elles se transmettent. Et cela n'a pas lieu uniquement d'homme à homme, mais entre tous les êtres vivants, même d'une espèce à une autre très différente, sans autre limite que celle du développement des organes propres à chacune. Que le chien s'anime de colère et de joie à la joie ou à la colère de l'homme, qu'il semble ressentir jusqu'à des affections moins expansives de son maître, ce fait est connu; il ne s'arrête pas là. Ces mêmes rhythmes une fois émis envahiront non-seulement l'imagination des animaux privés, mais encore celle des bêtes sauvages, si elles ne sont pas détournées de l'entraînement par quelque autre passion plus puissante alors. Un rhythme agit toujours autour de lui, avec force là où les circonstances s'y prêtent, avec moins d'énergie dans un plus grand nombre de cas, le plus souvent d'une manière inaperçue; il ne peut pas ne pas avoir d'action.

Néanmoins, quand même l'individu semble soumis irrésistiblement à l'empire d'un rhythme, quand même il serait alors ce que la langue populaire appelle *charmé;* quand de plus il dormirait, un seul contraste opportun rompra l'enchantement.

Transmission des idées par le rhythme et le contraste.

Avec l'éveil que produisent les contrastes commencent les opérations de l'esprit. Lorsqu'ainsi averti celui-ci aura repéré le sens des contrastes et des rhythmes, lorsqu'après ce contrôle il aura statué, lorsqu'il y aura eu un raisonnement formé, la décision prise tendra de suite à s'épancher au dehors de la même manière qu'une simple réaction de l'imagination. Seulement cette décision se manifestera, non plus comme une passion, mais comme la combinaison de rhythmes et de contrastes disposés d'avance en vue d'un effet à obtenir.

Avoir un objet, tel est le caractère de toute opération de l'esprit. Mais il ne faut pas oublier qu'elle tiendra simultanément, de l'âme ce qui fait la volonté, et de l'inévitable participation de l'imagination ce qui rétablit la qualité contraire. Vous n'atteindrez sûrement l'objet qu'autant que vous aurez vous-même, pour la circonstance, restreint chez vous la part de l'imagination et développé cette part dans autrui.

Si vous voulez capter l'imagination d'un individu avant d'appeler l'attention de son esprit, auquel seul il soit donné d'être défiant, l'émission et l'action inaperçue des rhythmes devront précéder ou dominer la production des contrastes.

Parfois une urgence, soit réelle, soit apparente, commandera la manifestation subite d'un contraste, sans que vous ayez préparé et conquis l'imagination de l'individu auquel vous vous adressez; vous frappez son esprit et conséquemment provoquez un raisonnement. Mais celui-ci, formé à la participation de cette imagination dans laquelle vous n'avez pas acquis d'influence, sera lui-même tout à fait en dehors de votre action, et l'esprit d'autrui, libre de ce côté, pourra prendre la résolution la plus contraire à votre attente.

Pour qu'il advienne un résultat favorable à la production subite d'un contraste essayé par vous, il faut ou que l'imagination d'autrui ait été préalablement dominée d'une manière certaine, ou que des rhythmes fortement accentués se manifestent subitement aussi et agissent simultanément avec le contraste émis. Un cri ne sera jamais celui de la joie ou de la détresse, s'il n'est accompagné de rhythmes exprimant la détresse ou la joie.

Les contrastes, pour obtenir un effet utile, ne doivent donc être produits que simultanément avec les rhythmes, ou après eux, et leur rester toujours subordonnés sous le rapport de l'énergie.

Dans les œuvres, dites de raisonnement, où l'auteur doit tendre à restreindre la part, non-seulement de son imagination, mais encore de celle du lecteur, la tâche est d'une extrême difficulté, en raison et en proportion de l'indépendance même dans laquelle est laissé l'esprit de ce dernier.

Il n'en est pas de même dans les œuvres dites, au contraire, d'imagination où l'auteur s'adresse exclusivement à celle-ci. Il sait les rhythmes qui règnent chez elle, et s'étudie à les ranimer à son gré. Il y fait passer les sensations du bonheur ou de la peine, du courage ou de la faiblesse. Il rend sienne l'imagination d'autrui.

De là découle cette importance qu'il y a de connaître non-seulement le mécanisme au moyen duquel on agit au dehors sur les imaginations, mais surtout le moyen de placer la sienne dans le milieu le plus favorable. La première question vient d'être traitée. Toutes deux vont l'être implicitement dans ces trois principales applications au bien-être des sociétés humaines : l'art des religions, l'art du progrès social, et en définitive l'art de l'architecture, lequel exigeait l'étude préalable de l'un et de l'autre.

LIVRE III.

SOCIÉTÉS HUMAINES.

I

L'ART DES RELIGIONS.

L'art des religions consiste à tenir en éveil, par des habitudes et le retour de certaines circonstances plus ou moins savamment coordonnées, les idées protectrices de la société, de la famille et de l'individu. Il fournit des moyens mnémotechniques de morale.

On a vu que l'homme a été constitué pour distinguer le bien du mal, et pour sentir à chaque instant, par sa propre expérience, dans quelle direction il devrait corriger sa voie. Parvenu à l'âge mûr et parfaitement sain dans son corps et dans son esprit, il marchera ainsi, lorsqu'il le voudra, sans aide. Mais, enfant, infirme, ou simplement placé sous l'impulsion des passions les plus ordinaires, il peut très rarement, dans toute une vie, se passer d'un régulateur pratique de l'imagination; il a besoin d'être soutenu. Or, ce régulateur c'est la religion. Elle est le réservoir des énergies humaines qu'elle répartit ensuite entre tous les faibles. Elle agit sur l'individu avec toute la force que puise en elle-même l'association d'un grand nombre d'esprits sur un seul.

Du perfectionnement d'une religion dépend le bonheur du peuple qui la pratique; de son imperfection surgit la misère.

Une religion se ravive et se perfectionne au contact des sciences, parce que l'objet de celles-ci est de rechercher la vérité nue, et qu'il n'y a d'accès chez elles pour aucun ordre de choses contraire aux lois régulières de la création. Pour elles, le miracle, compensateur inévitable du bien dans toutes les religions, est la négation de Dieu, comme le serait simplement de l'arithmétique le pouvoir de dire parfois : deux et deux font cinq. Les procédés mnémotechniques de morale autorisés par l'observation scientifique, ont donc l'avantage de gouverner l'imagination sans habituer l'esprit à suivre de fausses directions.

La vigueur d'une société se reconnaît à une certaine sobriété de miracles, comme à l'état avancé des sciences en cours chez elle.

Sa faiblesse dénoterait, au contraire, une religion sur laquelle pèserait l'ignorance, où l'imagination humaine serait dirigée par des fictions stériles.

On ne saurait donc trop répéter que si la volonté divine munit l'homme de tous les éléments nécessaires pour qu'il se fasse et transmette une religion utile, elle a mis, à côté de ce don, les conditions d'un ordre opposé dans l'intérêt plus général de l'équilibre du monde. Ainsi tout d'abord la part de matière propre à constituer des corps humains se trouvera limitée sur notre globe par la réserve même de ce qui est indispensable pour perpétuer la production des plantes et des animaux destinés à notre nourriture. Ainsi, en second lieu, contre l'extrême multiplication de notre espèce existera toujours un obstacle nécessaire et incessant, la résistance naturelle de tout ce qui a été créé pour vivre aussi sur le fonds commun. Ainsi, à leur tour, les religions sauvegardes de l'homme comporteront par elles-mêmes, comme contrepoids à leur perfectibilité, une certaine somme d'inévitables superstitions qui engendrent l'ignorance. Or, où règne celle-ci, la lutte s'accomplit au détriment de la race humaine, et la mort étend sur elle d'amples ravages.

Traditions religieuses.

Depuis qu'il y a des hommes il y a des religions. Celles-ci, inspirées de tout temps par les mêmes causes aux générations qui se sont succédé, attendent l'enfant à sa naissance et lui réservent un sort plus ou moins parfait, selon leur propre mérite.

Le principe des religions, reposant sur le maintien d'habitudes traditionnelles, ne comporte pas les rénovations radicales. Mais toute religion, nonobstant ses précédents, est susceptible de perfectionnements qui la rendent plus utile. Il suffit d'émonder insensiblement, dans ce but, tout ce qui ne mène pas directement au bien-être général, à celui de la famille, au sien. On doit s'efforcer, en premier lieu, d'atténuer dans les traditions, sinon d'en bannir, la crainte des monstruosités que l'ignorance a placées involontairement dans l'inconnu, et sous laquelle gémissent les populations. Dans une bonne religion, cette crainte ne doit pas être admise parce qu'elle est elle-même un mal.

Lorsque la langue dans laquelle les formules d'une religion nous ont été transmises devient surannée et même inintelligible, il n'est pas utile cependant de la changer. La modification serait une faute contre la tradition des habitudes, et n'introduirait dans la pratique aucun avantage sérieux qui balançât celui de laisser dans une sorte de pénombre, puis dans l'oubli, la partie condamnable du bagage des siècles passés.

Ce serait commettre une faute du même genre que de discuter des traditions religieuses. L'art doit s'appliquer à ne mettre en évidence que celles dont la conservation importe au but d'une saine religion.

Les traditions les plus puissantes sur une société sont celles qui lui confirment l'idée de sa longévité, et lui donnent ainsi l'espoir d'une sorte de perpétuité dans l'avenir. Toutes traces de son existence dans les temps anciens lui sont chères. Tout monument auquel se rattachent les souvenirs séculaires du dévouement des ancêtres doit donc être préposé à la vénération publique. Car le monument revivifie les souvenirs, et ceux-ci les idées de dévouement sans lesquels la société périclite. Rien ne surpasse, sous ce rapport, l'éloquence que peut avoir la tombe. Sur le moindre cimetière doit régner la protection religieuse.

Le prêtre.

Chargé à la fois de veiller au maintien des mœurs traditionnelles et à leur perfectionnement, le prêtre est le grand artiste de la religion. Il doit servir de conseil et d'exemple dans toutes les choses de la vie. Il s'écarterait de ses devoirs, si la moindre de ses actions n'avait pas pour résultat d'accroître le bien-être de ceux qui l'entourent. Le courage, la prudence, l'union et la joie naîtront devant lui, s'il est lui-même fort, muni de science, dévoué et allègre.

Si, chargé de diriger les imaginations, il se laisse entraîner lui-même au courant, s'il cède aux superstitions dont il devrait savoir détourner la fâcheuse influence, s'il ne se fortifie pas dans les sciences, s'il devient inutile, la peine qui suit inévitablement toute faute sera grande pour lui.

On voit des hommes qu'emporte leur imagination se faire ce que l'on appelle *religieux*. S'ils ont été assez clairvoyants pour choisir une *règle* dans laquelle ils pourront produire, en sus de ce qu'ils consommeront, de quoi nourrir au moins la moitié d'une famille, leur tâche humaine est remplie, et ils échappent à la peine en proportion de l'heureux fruit de leur labeur. Il en sera de même s'ils accroissent la richesse publique d'une toute autre manière, pourvu que le produit donné à la société soit réel. Le succès le plus complet est pour ceux qui se dévouent au soin de sauver la vie des orphelins, des enfants et de leurs mères, enfin des adultes selon leur degré d'utilité.

Au contraire, le religieux qu'ont dirigé les seuls soucis de lui-même, subira immédiatement les peines les plus dures qu'il soit donné de supporter, et qui sont réservées à l'égoïsme: des terreurs anticipées de la mort. Souvent, sous l'empire de ces préoccupations, condamné à être son propre bourreau, il s'infligera tous les genres de macération, toutes les souffrances de la réclusion et de la servitude. Rien ne doit moins ressembler aux pratiques de ce religieux que les fonctions du prêtre.

6

Les actes religieux.

Pour être salutaires, les actes religieux devraient accompagner toute circonstance dans laquelle l'imagination risque de prendre le dessus. Un sage de l'antiquité prévenait les accès de sa colère en récitant mentalement les lettres de l'alphabet jusqu'à ce qu'il se fût ainsi apaisé. C'était un moyen mnémotechnique de morale, un acte religieux consistant à substituer un rhythme lent et innocent à celui que la passion tendait à émettre en lui. Il eût obtenu le même résultat en récitant un chapelet.

Tous les actes religieux ont également pour but de prévenir les éventualités des passions au moyen de rhythmes régulateurs; mais ils n'atteignent pas toujours le bénéfice de l'opportunité.

Ils sont habituellement périodiques.

Les uns, quotidiens, accompagnent les grandes circonstances de la journée : le lever, le travail, les repas, le coucher. Ce sont les actes propres à la famille et à l'individu, et dont il n'est prudent de se départir qu'autant que l'on a su acquérir par l'éducation et l'expérience la force nécessaire pour se conduire honorablement sans cette aide précieuse, soit dans les moments de faiblesse, soit après la surexcitation donnée au corps par le mouvement.

Les autres, se reproduisant à des intervalles réguliers, mais plus longs, comme à la fin de chaque semaine, sont la part faite aux intérêts de la société. Il en est de même de ceux que certains peuples pratiquent à la fin de chaque mois lunaire, ou pour célébrer le commencement de chacun des quartiers de l'année solaire, ou enfin à des intervalles de temps plus considérables encore. On a coutume de se réunir alors en grandes assemblées.

Les principales circonstances de la vie, telles que la naissance, le mariage et le décès, sont destinées à être partout l'objet de pratiques religieuses exceptionnelles.

Les actes religieux varient suivant les cas. Mais ils consistent principalement en prières, en chants et en cérémonies.

Les prières. — La prière est le moyen pratique le plus communément usité pour assujétir, pendant une courte durée, l'imagination aux conseils de l'âme. Comme elle a pour objet le bien de celui qui la prononce, elle s'adresse, par une impulsion involontaire, vers la suprême puissance. Mais Dieu n'ayant des faveurs pour l'individu qu'autant que celui-ci agit lui-même dans l'intérêt de la société, de la famille et seulement en troisième lieu de sa propre personne, il est essentiel que celui qui prie n'intervertisse pas l'ordre établi. L'attention que la prière tend à fixer sur la conduite à tenir ne doit donc jamais s'écarter des peines attachées :

Aux fautes contre le bien de la société ;

A la négligence des devoirs de la famille ;

A chaque erreur personnelle.

On ne trouve pas toujours dans les prières traditionnelles l'exposition intelligente de l'ordre suivant lequel les devoirs à remplir demeurent respectivement subordonnés. Le plus souvent, au contraire, on y reconnaît un sentiment trop direct de l'individualité. Mais cet inconvénient se corrige de lui-même en ce que le rhythme périodique du récit de la prière amortit la valeur des détails, et ne laisse subsister, par son influence modératrice, qu'une intention générale plus justement assise.

Par imitation de ce qui se passe chez l'homme comme chez les animaux, lorsque le plus faible veut exciter la générosité du plus fort, la prière revêt habituellement la forme de la supplication. Elle est même parfois accompagnée des prosternations les plus humbles. Ces moyens ne sont pas inutiles pour fixer davantage une attention rebelle ; mais ils dépassent le but dès que le suppliant croit obtenir ainsi de Dieu créateur ce que l'on pourrait attendre d'une créature, une faveur gagnée par influence.

Ils deviennent dangereux lorsque, poussant au développement de cette fiction, ils amènent l'homme à se donner un auditeur de son choix, soit un être vivant avec lequel il puisse composer, soit même simplement une idole bâtie de ses mains et plus incapable encore de rien refuser. Le penchant à la supplication, conduisant trop facilement à des actes superstitieux, corrompt ainsi le plus souvent le précieux usage des prières dont le premier but — il ne faut pas l'oublier — était d'obtenir le sentiment de la prudence dans la conduite de la vie.

La prière devrait avoir été composée dans le silence des passions. Pour n'en éveiller aucune, elle doit être dite d'un récit monotone et cadencé, avec le maintien le moins pénible, le moins agité, enfin le plus convenable pour éviter toute dissipation de l'esprit.

Aussi, chez l'homme civilisé, l'étude est-elle, quoique sous une forme différente, la plus utile des prières.

Les chants religieux. — La prière, en vue d'une action commune, doit être faite en commun. Elle acquiert alors une grande puissance par le chant. Solitaire, elle ne mettrait l'individu en communication qu'avec l'âme qui lui a été donnée pour le diriger dans la lutte à soutenir au milieu du concert général de la création. Dite en famille, elle appelle la participation de l'âme de chacun des parents à régler l'imagination de chacun dans l'intérêt du groupe. Le chant eût pu être une cause de déviation dans le premier cas ; il cesse de l'être dans le second, à cause de l'appui mutuel que se prêtent tous les membres de la famille, et en raison de la communauté du but. Il est la condition du succès dans une grande assemblée, pour éviter la divergence des idées chez des hommes qui ne se connaissent pas toujours les uns les autres. Alors le chant religieux n'a de prix qu'autant qu'il est ancien, connu de tous dès l'enfance, et de nature à être dit par l'assistance entière.

Les cérémonies. — Les actes religieux qui réunissent beaucoup d'hommes ne peuvent s'accomplir que suivant un certain ordre réglé d'avance et qui constitue les cérémonies. C'est un mérite pour elles, comme pour les prières et les chants, que d'être anciennes. Il en est dont l'origine a été oubliée, qui

n'ont plus de sens, et qui tirent toute leur valeur du fait même
de leur conservation. Mais, quelles qu'elles soient, on doit
s'appliquer à leur imprimer un but d'utilité en rapport avec
les circonstances de leur production. On doit surtout en écarter
ce qui pourrait diriger l'imagination vers une erreur.

Les cérémonies qui accueillent l'homme à sa naissance, au
mariage, au jour de la mort, sont des moyens puissants de lui
inspirer un sentiment de dignité personnelle.

La procession solennelle dans les champs soumettra au
jugement et à l'amour de toute une population le spectacle de
la terre travaillée par le cultivateur. Des visites de ce genre
dans les rues d'une ville, dans les grands établissements d'une
cité, et jusque dans les ateliers, seront fécondes en bons résultats pour les foules urbaines. Les sources, les bois, et tout ce
qui est élément de la richesse publique, peuvent être ainsi
l'objet de pérégrinations fructueuses.

Mais, chez les peuples ignorants, la cérémonie religieuse
n'est habituellement que la cause la plus sérieuse de décadence
ou de persévérance dans les superstitions. La foule, que son
éducation a laissée trop étrangère à la connaissance des sciences
naturelles, ne rêvant autour d'elle que des choses extraordi-
naires, cherche à les conjurer par des procédés non moins
vains, et souvent empreints de cruauté. Elle attribue à un
signe, à un geste, à une évolution convenue, parfois à la simple
volonté du prêtre, des vertus imaginaires. Elle s'incline dans
d'horribles misères sous la tyrannie de ses propres fictions.

Les grandes cérémonies sont donc les moyens les plus puissants de la religion, à cause de la communauté d'âme qu'elles
établissent à un moment donné dans la foule, vers un but soit
bon, soit mauvais ou déraisonnable. L'échec de la réunion sera
dans son objet même lorsque celui-ci deviendra une prétention
à faire fléchir les lois naturelles au profit de quelque circonstance. Le moyen de réussir sera de surexciter les intelligences
en vue seulement d'un but accessible, et d'inspirer ainsi des
mesures praticables dans l'intérêt de chacun et de tous.

La religion est, dans la société, comme un volant par rapport à une machine. Elle n'exécute pas, mais elle régularise la marche du travail humain.

II

L'ART DU PROGRÈS SOCIAL.

La population.

Le naturel de l'homme l'astreint à vivre en société; de là surgissent donc des devoirs réciproques, et de l'individu envers la communauté, et de celle-ci envers chacun des siens.

On se sent d'autant plus heureux que l'on peut user de plus de liberté sans encourir la peine fatalement imposée à chaque oubli des devoirs envers la société; cette dernière est d'autant plus propice qu'elle prélève une plus faible part sur la liberté de l'individu au profit de la masse. Ainsi l'important sera de connaître sans erreur la nature des devoirs du citoyen pour ne pas agir de part ou d'autre en commettant des contre-sens.

Le devoir capital, celui qui résume véritablement tous les autres, est d'assurer la perpétuité de la société humaine à laquelle on appartient.

Toute société se compose :

Des hommes qui vivent dans la force de l'âge, qui produisent et qui vieilliront ;

Des vieillards qui, décimés par le temps, jouissent, en retour de leur puissance musculaire affaiblie, d'une lucidité d'esprit plus égale et de l'expérience acquise ;

Des enfants destinés à remplacer les uns et les autres.

L'objet commun de l'individu et de la société consiste en définitive dans l'éducation des enfants au moyen des hommes et des vieillards.

L'être humain, en naissant, n'étant pas organisé pour s'élever seul, périrait abandonné. L'abondance de la population dépéndra ainsi moins de la facilité de procréer que du nombre des enfants sauvés de la mort par des soins.

Des peines inévitables, naturelles, frappent celui qui engendre des enfants évidemment destinés à ne pas lui survivre. La récompense accompagne, au contraire, le mérite d'élever avec succès des enfants sans même les avoir mis au jour. Le moyen pratique d'échapper aux écueils consiste dans la bonne organisation du mariage.

Le mariage.

C'est l'association d'une femme et d'un homme en vue d'engendrer des enfants, de les préserver jeunes de la mort et de les diriger adultes à travers les passions périlleuses du premier âge de la force.

Le fait même de contracter mariage est une des plus grandes joies réservées à l'homme. Quand ensuite il devient père, un sentiment de plénitude remplace à l'instant celui du vide qui traversait et viciait toutes les fêtes du célibataire à son insu. La qualité d'aïeul est seule capable de compenser l'état de caducité physique qui précède la mort du vieillard.

Pour être dans les conditions les plus parfaites, le mariage doit avoir été formé entre deux adultes exempts d'infirmités transmissibles, et produire des enfants en proportion des ressources de la famille et des besoins de la société.

La polygamie donnerait à un seul homme la charge trop lourde des enfants de plusieurs femmes. Des éventualités de force, de richesse et de vie d'un seul, dépendrait alors le sort de plusieurs familles. Ce serait un danger permanent pour leur avenir. C'est une imprudence coupable et toujours punie.

La polyandrie doit être repoussée comme le crime le plus évident contre la conservation des enfants que nul homme, dans ce cas, n'a plus un intérêt assez direct à élever.

L'absence de mariage prive l'enfant de l'un de ses protecteurs naturels. Aussi arrive-t-il, même chez les peuples les plus civilisés, que l'être né dans cette condition désavantageuse conserve à peine parfois une chance sur vingt de parvenir à l'age d'adulte. Un pays où serait supprimée l'institution du mariage deviendrait un désert.

Pour la réussite des enfants, il faut les efforts associés du père et de la mère. Toute mesure qui tendrait à paralyser l'une de ces forces diminuerait la puissance de l'œuvre. Autant donc que le permet la différence des aptitudes et des circonstances, la femme doit vivre de la même vie que l'homme et savoir travailler du même travail que lui, pour accomplir au besoin une tâche double si elle vient à le perdre. Elle a droit à une communauté complète de liberté, de labeur et de biens.

Le mariage a pour danger l'égoïsme qui, dans la plupart des sociétés, porte l'homme à oublier le but définitif, en s'imposant à la famille comme son possesseur plutôt que comme l'un de ses deux soutiens également indispensables.

La propriété.

L'esprit de prévoyance se développe dans le mariage en vue de l'éducation des enfants, et veut l'institution de la propriété.

Au fond, toute propriété appartient ainsi aux enfants, lesquels en ont été l'objet.

C'est pour eux que le père et la mère ont le droit naturel de l'acquérir et de la régir.

La société en règle les conditions dans un intérêt général, et avec d'autant plus de succès qu'elle est meilleure elle-même.

L'écueil de la propriété est dans la prétention égoïste à un droit d'user et d'abuser, que repousse l'intérêt des enfants.

Le gouvernement.

Si l'ensemble d'une société peut se maintenir par les habitudes, ou, pour mieux dire, par le fait de la religion, il a, d'un autre côté, besoin de prévoir et d'agir, pour l'avantage commun des familles, contre les incidents qui affluent de toutes parts. Il a besoin d'un gouvernement.

Le Gouvernement et la Religion n'ayant, quoique en vue de la même société, rien de commun dans leur point de départ et dans leur mode d'action, doivent demeurer distincts et conférer des fonctions distinctes à leurs représentants respectifs. Ils travailleront à leur perfectionnement mutuel par l'influence seule de leurs actes sur la société elle-même prise pour intermédiaire. Mais le plus souvent cette influence sera faussée par la tendance subversive et irrésistible des agents à se croire identifiés personnellement avec ce qu'ils représentent, et à n'agir dès lors avec constance que sous l'empire de leur propre intérêt.

Le prestige de quelque précédent remarquable suffit pour donner un chef à la peuplade sauvage. Les nations plus perfectionnées délibèrent et choisissent. Le plus souvent le gouvernement s'est institué lui-même par l'acquiescement tacite de la masse, et il se maintient ainsi tant qu'il représente, sans trop d'inexactitude, les sentiments des administrés. Il échoue dès qu'il s'écarte trop de cette base; car alors les forces vives de la nation réagissent pour tenter de rétablir un état de choses normal.

Ces forces sont au nombre de trois, et représentent les trois moyens de la subsistance de l'homme :

Le travail manuel ;

Le travail intellectuel ;

L'hérédité.

Chacun de ces intérêts tend à obtenir une autorité qui le protège spécialement; mais, comme ils agissent ensemble, ils ont toujours pour résultat une moyenne variant suivant l'intensité plus ou moins prépondérante de l'un ou de l'autre.

Le premier pousse au tumulte et à la dictature ;

Le second à la confection des lois et au choix d'un pouvoir exécutif ;

L'hérédité aux priviléges et à l'aristocratie.

Comme les peuples abondamment fournis de propriétaires et d'hommes instruits sont peu nombreux, c'est le principe du pouvoir dictatorial qui est le plus répandu sur la terre; mais il s'y montre partout corrigé, sinon en réalité, du moins en apparence, par les prétentions à l'hérédité inséparables de la formation d'une famille autour du souverain.

Les lois ont le mérite d'inspirer la sécurité au gouvernement comme aux administrés. Elles seront d'autant mieux faites que la société sera plus instruite. Il n'y a pas de civilisation sans lois.

Le gouvernement aristocratique, fondé sur le privilége de la richesse, du savoir et des armes, n'est jamais, par cela même, l'expression complète de l'intérêt général. Il n'existerait nulle part s'il n'affectait pas de se montrer au dehors comme un gage puissant de conservation de la propriété héréditaire, si chère aux plus pauvres familles comme aux plus opulentes. Il périt dès qu'il n'appelle pas à lui quiconque est parvenu à obtenir la noblesse du mérite aux yeux de la foule.

Le point de perfection vers lequel la société doit tendre est celui où chaque famille deviendrait, par ses propres efforts, ouvrière, savante et propriétaire. Alors s'apaiseraient d'elles-mêmes les luttes du manouvrier, du savant et de l'aristocrate, ainsi que les oscillations du pouvoir pour trouver un centre d'équilibre entre ces trois forces rivales.

Le devoir suprême de tout gouvernement est de procurer à la famille la faculté de remplir les siens.

Il lui incombe de provoquer des mesures générales que les forces individuelles ne sauraient accomplir seules concernant le maintien des frontières naturelles du pays, la perpétuité de la commune, la sécurité des personnes, l'enseignement, la salubrité, les voies publiques, les marchés, les terres communales et les fêtes.

La commune.

En principe, la commune est un groupe de parents, une association de familles issues des mêmes ancêtres, et vivant dans une circonscription assez restreinte pour que chaque individu et chaque chose puissent y être connus des hommes pourvus d'une certaine mémoire. Elle existe par elle-même chez tous les peuples. Elle prospère par la stabilité du groupe. Son principe est la seule sauvegarde des tribus errantes. Etablie sur d'autres bases, elle reste impropre à satisfaire aux besoins de la société.

L'étranger sera un élément de trouble dans la commune jusqu'à ce qu'il s'incorpore en elle par une alliance, ou par un acte de propriété, ou par quelque autre résolution capitale qui soit un gage d'identification. En effet, c'est dans le groupe des parents ainsi constitué que la famille en souffrance trouvera une aide assurée, et l'orphelin pauvre la possibilité de devenir homme.

Pour la plus grande prospérité de la commune, il faut que la propriété, récompense naturelle du travail, y soit accessible à tous, afin que le nombre des propriétaires devienne considérable. Il faut, d'un autre côté, dans l'intérêt de la véritable richesse qui est le travailleur, n'entraver en rien son essor et son ardeur à posséder. Les peuples civilisés ont obtenu ce double résultat. Par la répartition des patrimoines entre les enfants, les propriétés se subdivisent de manière à augmenter sans cesse le nombre des parts, tandis que l'émulation reconstitue de nouveaux domaines. On arrive ainsi à une espèce d'égalité des fortunes, mobile, intelligente et féconde. Dans les civilisations de second ordre, il n'existe que de grandes propriétés incommutables, à l'exploitation desquelles les populations sont appelées à coopérer. Le sort de celles-ci dépend alors de la sagesse éventuelle du possesseur, lequel ordonne en maître s'il a des esclaves, ou fait un appel aux mains d'autrui s'il vit en pays libre.

Un partage des terres par égales parts a été quelquefois l'expédient employé dans des pays à constituer. Mais l'inégalité reparaît dès le lendemain, si l'émulation du travail existe chez les citoyens. Que si elle n'existait point, les parts seraient sans fruit, parce que ce n'est pas la propriété elle-même qui fait la richesse, mais le grand nombre des travailleurs parmi les copartageants.

Un groupe communal a des propriétés publiques, et des propriétés particulières de familles.

Les propriétés publiques consistent en bâtiments, en routes, en fontaines, en égouts, en terres communales, et en objets divers d'intérêt général, appropriés tous en vue du développement des familles vers le plus grand bien-être.

La sécurité.

La commune doit être défendue au dedans et au dehors.

Les juges. — Il faut, pour le premier cas, au-dessus d'une police active, la sagesse de juges choisis parmi les hommes les plus savants. Néanmoins, comme un peu d'impéritie exposerait encore le magistrat à être naïvement injuste, il lui faudra, dans chaque circonstance, l'assistance des hommes spéciaux dont les connaissances puissent l'éclairer.

Les juges ont mission de forcer à la paix les citoyens, et de punir les fautes contre la société par des peines. Celles-ci, chez les peuples civilisés, sont déterminées d'avance et connues de tous. L'application en est publique.

Les souffrances corporelles imposées comme châtiments sont le moyen le plus efficace de correction relativement au coupable; mais elles ont pour effet d'inspirer, par la transmission d'un rhythme violent, aux bons la crainte, aux mauvais des mœurs cruelles et anti-sociales.

Les peines ne doivent jamais rendre à la société, qui en aurait ensuite la charge, des êtres diminués de valeur physique ou morale. Elles frapperont le coupable, mais devront ne pas atteindre du même coup l'intérêt général qu'il faut toujours protéger.

Les amendes, les tortures, les détentions prolongées, étant des institutions directement nuisibles au bien-être de la famille, doivent disparaître d'une société bien entendue.

La réprimande, la prison cellulaire à brève durée, enfin la

suppression de l'individu sont les procédés de répression les moins contraires à l'intérêt public.

L'emploi de la prison cellulaire exige des précautions excessives ; car il doit varier suivant le temps de la détention, pour ne pas occasionner la mort ou la folie. En principe, la prison cellulaire isole absolument le détenu d'un autre détenu, afin qu'ils restent étrangers l'un à l'autre à l'expiration de leurs peines, afin qu'ils ne deviennent pas alors des associés pour le crime. Elle l'isole de toute cause de distraction extérieure à lui-même. Elle prive son imagination de nourriture. Point de bruits du dehors, point de variété de lumière, point d'autre aspect que celui des parois de la loge uniformes de couleur ; rien qui appelle l'œil, rien qui réveille l'ouïe, point de travail : pour tout incident, l'inévitable mais silencieuse distribution des choses de première nécessité. Les natures les plus rebelles sont complètement vaincues en moins de trois jours par ce régime, et n'y résisteraient pas s'il ne lui était alors apporté des tempéraments. Sa durée ne se mesurera donc point par années, mais par heures. Le détenu qui ne porte pas en lui le don si rare de pouvoir se réfugier sans aide dans les travaux de l'esprit, reçoit comme un bienfait des moyens d'étude ou de travail qui le soulageront pour achever le temps de sa peine. Ce temps ne doit jamais dépasser quelques mois, maximum de durée tolérable pour l'énergie humaine, pour que l'individu puisse conserver, au sortir de la prison, l'usage de sa raison et de ses forces, et retrouver encore ses moyens de travail.

On verra des hommes auxquels manque une parfaite organisation de l'esprit s'exposer à l'aggravation des peines qu'il convient d'attacher aux récidives. Toute médicamentation sur eux serait vaine. Devenus inutiles à leurs familles en même temps que dangereux, ils doivent être irrévocablement séparés des leurs. Ils doivent être supprimés sans que cet acte soit de nature à exciter dans les imaginations ni pitié, ni terreur, ni aucun autre sentiment que celui d'une nécessité accomplie.

La direction d'une prison cellulaire, seul mode utile d'in-

carcération, exige la science du médecin, et non la vigueur
d'un simple garde.

Rien de bon ne pouvant être entrepris sans la chance contraire, le vice le plus habituel des prisons sera d'y engendrer,
par l'imprudent mélange des individus et la durée de la détention, des associations d'hommes pervers, rendus infirmes, et
devenant ainsi les pensionnaires de l'Etat jusqu'au dernier
jour de leur existence.

L'armée. — Contre les dangers du dehors, il faut la protection des armes. Plus un peuple est sauvage, plus il guerroye.
Impuissant contre les nations civilisées qui veillent à leur
sécurité, il est une menace permanente d'invasion contre celles
qui négligeraient leurs moyens de défense. La loi d'équilibre
général le veut ainsi.

Mais tandis que la barbarie affecte tout son avoir à la guerre,
le civilisation s'étudie à restreindre le sacrifice au moyen de
procédés moins coûteux. Par l'association, sous un même
gouvernement, de toutes les communes d'une vaste contrée
que délimitent des défenses naturelles, elle obtient, avec l'emploi d'un nombre relativement réduit de soldats, une puissance
militaire considérable. Elle met entre les mains de ses défen-
seurs des instruments de destruction d'autant plus perfection-
nés qu'elle est plus avancée elle-même en savoir et en industrie.
Elle veut que les guerriers acquièrent une supériorité spéciale
dans tous les exercices gymnastiques qui touchent au manie-
ment des armes. Elle établit une discipline sous laquelle chacun, selon le cas, obéisse ou commande résolument en vue
du résultat final. Elle institue des chefs instruits à diriger les
mouvements des troupes, et à conduire celles-ci à l'ennemi
pourvues de munitions assurées, saines de corps, et surtout
l'esprit animé de l'amour de la patrie; car l'enthousiasme de
la masse inspire à l'individu une suprême énergie.

Un chef que n'a pu corrompre l'usage dangereux du commandement, ou que n'ont point affaibli des infirmités, acquiert
par l'âge le mérite précieux de l'expérience.

L'armée d'une nation civilisée étant pourvue d'artisans pour tous les besoins et d'hommes experts pour la plupart des incidents, un chef habile y saura, dans chaque cas spécial, faire jaillir un avis opportun de la bouche des plus humbles soldats.

Pour le choix d'un campement, l'avis du médecin est aussi important à la guerre que celui du stratégiste; car un seul repos dans une localité insalubre peut être plus meurtrier que la perte d'une bataille.

Il faut que l'armée soit entretenue d'une manière irréprochable, et qu'au sortir du service militaire le soldat ait son avenir assuré, soit en rentrant jeune encore, mais plus fort et plus instruit, dans sa commune, soit en recevant, pour prix de sa persistance ou de ses blessures, une pension qui le mette à l'abri des mauvais conseils de la misère.

Le soldat doit être marié tard. Pour ne plus le séparer alors de sa famille, on devra l'employer plutôt à défendre une place qu'à faire des siéges, plutôt dans une commune à laquelle il doive rester attaché qu'en un poste précaire.

La société doit veiller à ce que, dans le soldat, le sentiment de la discipline n'étouffe pas celui de l'émulation, à ce que, dans le chef, l'orgueil d'un commandement arbitraire ne restreigne pas peu à peu l'étendue de l'intelligence, et enfin à ce que, pour éviter ces inconvénients, l'un et l'autre travaillent sans cesse. L'armée, dont les chefs et les soldats sont inoccupés, peut ne rendre à la société que des êtres moralement infirmes et conséquemment nuisibles, au lieu d'hommes propres à rentrer dans la vie de famille.

Comme l'armée, machine improductive par elle-même, n'existe que dans l'intérêt de conservation de la société, et n'a de force que par la différence de supériorité acquise dans l'art militaire, elle trahirait directement les intérêts des siens en enseignant ses procédés à des peuples étrangers. Elle se neutraliserait et préparerait ainsi des chances de retour à la sauvagerie sur la civilisation.

L'enseignement.

L'homme, en vertu de sa destination sur la terre, invente et travaille sans cesse sous peine de périr. Les aptitudes qu'il a reçues dans ce but devant donc être exercées pour le salut commun de la société, celle-ci est tenue d'organiser dans son sein les plus puissants moyens d'enseignement.

Il importe avant tout à l'homme de savoir ce qu'il est au milieu des êtres de la création, doués chacun, comme lui, d'aptitudes spéciales, ce qu'il peut entreprendre sur eux, ce qu'il en doit redouter, quels seront ses amis et ses ennemis dans la lutte. La société prospérera d'autant plus qu'elle aura mieux enseigné l'histoire naturelle, l'histoire de ces myriades d'espèces d'êtres à côté desquels on ne saurait faire un pas sans commettre, par ignorance, des fautes capitales. Elle fera donc enseigner le rôle et les mœurs des minéraux, des plantes et des animaux, la puissance et la faiblesse relatives de chacun.

Mais elle rencontrera dans cette entreprise une résistance perpétuelle. Car, par la raison dominante de l'équilibre général à maintenir, Dieu a laissé l'étude des sciences naturelles difficile, et n'en accorde la connaissance que dans une proportion restreinte. Il en fait le prix du travail de l'intelligence et la refuse à qui ne l'a pas méritée par des efforts obstinés. La société doit donc encourager les savants spéciaux à produire des livres d'histoire naturelle assez brefs pour servir à l'enseignement, assez complets pour que l'homme puisse, du moins dans la contrée qu'il habite, savoir protéger ses récoltes, ses produits et sa famille.

L'enseignement de l'histoire naturelle rencontre un second genre de résistance issu, comme le premier, du motif de l'équilibre général; la propension donnée à l'homme de se livrer aveuglément à la destruction des êtres qui sont destinés à agir le plus utilement pour lui en même temps que pour eux-mêmes. Cette invincible répugnance contre quelques-uns détourne l'individu encore ignorant d'une étude réfléchie où chaque chose aurait nécessairement sa place.

Pour se développer, l'enseignement de l'histoire naturelle ne doit pas être donné seul. Celui du langage, des sciences exactes et du dessin multipliera les forces intellectuelles de l'élève. L'étude de la géographie et de l'histoire des peuples sera le complément le plus utile.

L'âge des études étant essentiellement celui de la jeunesse durant lequel l'individu est nourri par sa famille, on dispensera, en même temps qu'à l'esprit, l'enseignement au corps, afin que celui-ci devienne alerte, robuste et patient, au moyen d'exercices gymnastiques et d'une certaine durée d'un travail de force continu et journalier.

Si l'heure la plus fructueuse pour l'étude des sciences est celle qui suit un sommeil donné à satiété et qui précède le premier repas, celle où les passions n'ont pas encore été réveillées par la nourriture, le moment le plus opportun pour les exercices du corps sera la fin du jour.

On ne doit enseigner à la première jeunesse que les choses dont le contrôle pourra être immédiat. La poésie et les beaux-arts seront donc réservés pour un âge où les écarts momentanés de l'imagination risqueront moins d'altérer l'habitude du raisonnement.

L'enfant, quelle que soit son aptitude musicale, doit chanter plusieurs fois par jour dans un but de santé et d'encouragement. Il recevra donc de bonne heure l'enseignement de la musique dans la proportion nécessaire pour obtenir ce résultat. Des chants simples, courts et généralement connus seront l'accompagnement indispensable du travail de force, celui-ci ne pouvant se soutenir que par la production monotone d'un rhythme continu.

Objet de foi traditionnelle, et non de contrôle, la religion doit être, non pas enseignée, mais pratiquée dans les écoles de la jeunesse. Elle y sera précédée par les chants anciens les

7

actes auxquels s'éveille principalement la passion, tels que les repas et les jeux.

L'écueil de l'enseignement est dans le zèle inconsidéré qu'il développe le plus souvent chez les hommes chargés d'instruire, chacun d'eux tendant à accaparer, au profit de sa spécialité, par des lenteurs et des punitions stériles, le temps toujours précieux de l'élève. Il est encore dans sa durée. L'enseignement, seul, finirait par exercer simplement la faculté d'apprendre, en éteignant d'un autre côté celle d'inventer. Il faut pour cette dernière qui, en définitive, est la principale, et dont l'autre n'est que l'aide indispensable, un temps de liberté absolue, donnée sans aucun cas d'exception et chaque jour à l'enfant, un temps dont il n'ait à rendre compte qu'à la surveillance et non à la direction de ses maîtres. Il faut, en somme, que l'enfant dispose aussi librement que possible de la moitié du temps où il est éveillé, et passe l'autre sous l'enseignement. Le temps de liberté n'aura jamais été vainement dépensé, si l'élève a été mis en présence des champs, des bois, et de toutes les phases diverses sous lesquelles apparaît successivement la nature.

L'enseignement doit être réparti avec une grande libéralité aux hommes et aux femmes, à celles-ci de préférence parce qu'elles auront la charge la plus directe dans l'éducation des enfants. A l'homme appartiendront les plus hautes études, nécessaires au progrès lui-même de l'enseignement, mais dont la poursuite expose une partie de l'esprit à défaillir au profit d'une spécialité. Or, il vaut mieux dévoyer l'avenir d'un homme que celui d'une femme.

Celui qui n'a pas de famille rachète ce tort en enseignant, ou en répandant l'instruction.

La salubrité.

Les premières conditions de salubrité locale, pour la race humaine, sont : l'isolement des groupes et des individus,

·l'éloignement des matières en putréfaction, la siccité des lieux, la pureté de l'eau potable, l'apprêt des vivres.

L'isolement. — La nature combat le trop grand développement des masses d'hommes par la contagion. Un seul individu affecté de certains maux peut·les communiquer au groupe par le toucher ou l'entremise des choses touchées, par l'odorat, et, même par l'ouïe, le regard, ou par la simple perception des rhythmes émis.

L'homme qui vivra dans une société compacte devra donc rechercher les occasions de s'isoler, celles de respirer les couches les moins basses de l'atmosphère, et les moins viciées par d'autres respirations ou par des gaz insalubres, celles de se vêtir d'habits souvent assainis dans l'eau ou dans un courant d'air pur, celles d'avoir un gite impénétrable à l'accès des émanations voisines, enfin celles de préserver toutes les parties du logis contre la présence des choses insalubres.

Les précautions qui conviennent à l'individu sont indispensables pour le groupe entier. Le renouvellement de l'atmosphère y devra être plus actif, le soin d'écarter les maladies contagieuses plus vigilant. On en bannira toute circonstance de nature à faire naître les rhythmes de la peur non moins dangereuse que l'insalubrité locale.

Au milieu d'une contagion, les hommes utiles et courageux sont moins exposés que les autres.

Eloignement des matières en putréfaction. — De même que le feu fait naître le feu, la putréfaction engendre la putréfaction. Un corps qui se trouve en cet état le transmet surtout à ses homogènes. L'homme a donc à redouter en premier lieu les putréfactions humaines et celles des êtres le plus semblables à lui par leur nature matérielle. Il puise l'infection par le toucher, la respiration, le goût, la nourriture. Il y est d'autant plus exposé que la population à laquelle il appartient est plus dense. Mais comme l'action délétère de la putréfaction a pour objet principal de restreindre, dans l'intérêt de l'équilibre général, le développement extrême de la population, l'homme a été pourvu à la fois d'un instinct conservateur de répulsion contre le fléau, et d'une indulgence aveugle envers le mal provenant de son fait. Les mesures de préservation à prendre dans ce cas doivent donc être imposées à chacun par tous, par la police communale.

La science a des moyens faciles d'atténuer, sinon de détruire entièrement, l'insalubrité des matières en putréfaction. Chez un peuple civilisé, la commune prescrit donc les mesures nécessaires pour séparer de l'homme les matières elles-mêmes. Elle veut ensuite que celles-ci soient toutes désinfectées par des ingrédients, si elles doivent être conservées pour engrais. Dans ce cas, il reste encore pour l'homme deux buts à poursuivre quant à l'emploi des drogues : l'une qui est de conserver dans l'engrais les matières fertilisantes, toutes essentiellement fugitives, mais de nature cependant à être suffisamment fixées ; l'autre de préserver l'engrais contre une foule d'insectes destinés à le dévorer entièrement, et qui abondent par ce motif autour des habitations et des cultures humaines, sans que le cultivateur ignorant en soupçonne l'action puissante.

La commune prescrira également des mesures pour tenir les masses d'eaux voisines en état de propreté, pour faire donner une grande profondeur à celles qui, renfermant des animaux aquatiques, fournissent ainsi un aliment considérable à la putréfaction, enfin pour ne pas appeler des groupes d'habitations sous le vent habituel des lieux dont la désinfection ne peut pas être opérée.

Siccité des lieux. — Dans la répartition qui est faite par Dieu d'un genre de séjour pour chaque race des habitants du globe, il a été donné à l'homme de ne reposer impunément qu'en lieu sec. Le moyen d'atteindre ce but consiste à organiser des abris. Les uns seront mobiles en vue de pérégrinations, les autres fixes. Dans la commune parfaite, on édifie des maisons.

Le danger, dont la présence est partout inévitable, est ici que l'homme séjourne et que sa maison soit dans un air à la

fois STAGNANT, HUMIDE ET FRAIS. Les peines attachées à ce vice
de l'habitation varieront selon l'intensité de l'une ou de l'autre
de ces qualités malfaisantes. Elles seront le triste apanage de
certaines vallées et de la partie basse de toutes les villes, de
ces lieux où l'homme trouve souvent le mieux ses convenances
pour la culture ou pour des industries. On voit ainsi des
populations entières atteintes de fièvres périodiques, ou d'affections scrofuleuses qu'elles pourraient du moins atténuer
par les mesures les plus simples.

L'air frais, plus pesant que l'air chaud, tend toujours à
s'établir par couches horizontales au-dessous de ce dernier,
comme le ferait l'eau. Le soir, lorsque le soleil cesse d'échauffer
la surface du sol, il se forme immédiatement dans tous les
lieux bas de véritables lacs d'air frais, à moins que le vent ne
souffle. On reconnaît la présence de ces lacs, en descendant
de points plus élevés, dans ces bas-fonds où la rosée commence
de bonne heure, où elle est très abondante, où des plantes
souffrent quelquefois d'une gelée matinale pendant les saisons
chaudes. Les plus petites vallées, comme les plus grandes,
sont sujettes à cet inconvénient. Il suffit, pour cela, que la
surface du sol affecte la forme d'un bassin, sa profondeur fût-
elle seulement de deux ou trois statures humaines.

La vallée est rarement fermée à ses deux extrémités comme
dans le cas exceptionnel d'une combe. Elle consiste habituellement en deux flancs de montagne, qui se regardent. Le fond
est en pente rapide parfois, mais le plus souvent il reste presque
horizontal. La vallée la plus insalubre est celle qui est fermée.
Ses conditions seront pernicieuses lorsqu'il y aura présence
d'eau, cette condition venant s'ajouter à celles d'un air stagnant
et frais.

La vallée la plus saine est celle dont le fond est fortement
incliné et dont l'issue est largement ouverte, nonobstant les
inconvénients d'un autre genre que l'on peut éprouver en se
trouvant alors dans le vif courant d'air frais qui, le soir,
descend à la manière d'un fleuve vers les contrées basses.

Il peut arriver qu'une vallée, naturellement assez saine, soit rendue insalubre par la faute de l'homme. Qu'ainsi, par exemple, une ligne de grands arbres soit placée en travers d'une vallée; celle-ci, en amont, deviendra un bassin d'où l'air frais du soir ne pourra s'écouler que par dessus le barrage de verdure. Un groupe de maisons, une haute chaussée, des murs, un bois, sont le plus souvent les obstacles par lesquels est fermée une vallée.

Le remède le plus ordinaire aux inconvénients d'un fond de vallée peu rapide est l'existence d'une grande rivière sans eaux dormantes. Car celle-ci présente au courant d'air frais une surface unie et libre sur laquelle il peut s'écouler au loin. Il y a, en outre, sur les grandes rivières, plus de vent et, conséquemment, des conditions plus fréquentes de mélange des couches inférieures de l'atmosphère avec la masse aérienne, toujours suffisamment sèche et saine.

Dans les vallées fermées et fraîches, des affections de la nature du goître atteindront l'homme, à moins de circonstances préservatrices exceptionnelles. Dans les contrées simplement basses, une enceinte d'arbres et de l'eau stagnante produiront la fièvre. L'un et l'autre fléaux peuvent coexister.

Il importe donc que la commune n'asseye ses habitations ni dans une combe, ni dans le fond d'une vallée peu ouverte, ni même sur un sol en plaine, mais enveloppé complètement d'arbres. Si le mal est fait, on l'atténuera en traçant, au travers de la contrée, par la suppression des arbres sur l'axe de la pente des eaux, un large courant pour l'écoulement de l'air. Après avoir ainsi obvié à l'inconvénient de la stagnation de la couche inférieure atmosphérique, on placera, en outre, les petits cours d'eau dans des égouts. Enfin, pour parer au développement de la fraîcheur du soir, on devra pourvoir à ce que nulle habitation, par le vice de son emplacement, ne soit privée de soleil durant la majeure partie de la journée.

Mais ces mesures ne sont que des palliatifs. Théoriquement, le groupe des habitations doit être assis sur la pente méridionale d'une éminence meublée d'égouts souterrains, et à une hauteur telle que l'air frais du soir n'élève pas son niveau jusque-là.

La commune provoque ce résultat en établissant certains édifices très fréquentés, ainsi que les carrefours, sur des lieux convenables par leur siccité, et par leur éloignement de toute putréfaction. Elle l'assure en dotant ces mêmes points d'eaux salubres dont le trop plein est jeté avec soin dans les égouts.

Eaux potables.

Le corps humain se renouvelle sans cesse dans sa composition intime, et cette opération s'accomplit avec le concours permanent de l'eau. Celle-ci est le véhicule de la nourriture. Par l'acte d'une transpiration plus ou moins active, elle modère la température du corps. Elle le défend contre la destruction qui pourrait survenir par le simple effet des rayons du soleil.

C'est elle encore qui, par les différents sels dont elle peut être pourvue, et qu'elle a dissous soit dans son passage au travers de l'air, soit par infiltration dans la terre, apporte au corps le calcaire nécessaire pour la confection des ossements, le fer utile au sang, l'iode qui protège contre les résultats du séjour dans l'air stagnant, humide et frais; c'est elle enfin qui, par sa nature, détermine la complexion dominante de la population d'une contrée.

L'eau absolument pure, telle qu'elle proviendrait de la glace fondue ou de la distillation, ne remplissant pas l'ensemble des conditions profitables au corps, lui répugne.

Il n'est donc pas indifférent pour l'homme d'user d'une eau choisie (¹).

Les eaux les plus dangereuses sont celles qui ont pu s'imprégner de putréfactions humaines. On devra les proscrire. Les eaux des puits peu profonds et situés sous des groupes d'habitations conserveront souvent, quoique sans goût et sans

---

(¹) Voir *Les Eaux*, par E. DELACROIX.

odeur, le même vice originel avec le même poison. Il est rare que les rivières soient exemptes de ce genre de danger. Celui-ci existe au plus haut point dans les mares stagnantes.

Enfin, comme les eaux à ciel ouvert sont habitées par des plantes et des animaux qui y laissent leurs dépouilles, elles sont toutes insalubres en proportion de l'infection résultant de ce fait.

On n'évitera pas entièrement ces défauts en employant le mode des citernes alimentées par les eaux des toits. En effet, celles-ci ont dissous, dans leur trajet, ou entraîné une grande quantité de matières putréfiées à l'air.

Il n'y a pas d'eau potable de bonne qualité qui ne provienne de sources naturelles ou artificielles.

Sources artificielles. — Les sources artificielles ont un produit très limité; mais, à défaut d'autres, elles doivent être établies chez tout peuple civilisé.

Sur une surface de sol naturellement imperméable, ou à laquelle on donnera cette qualité par un enduit — de mortier, par exemple, — s'étendra une couche d'au moins un doigt d'épaisseur de sable, puis, au-dessus, des couches de remblais calcaires, et des terres propres à la végétation, mais exemptes d'engrais, de gypses et de sels nuisibles. A cette masse filtrante seront mêlées des traces de minerais de fer qui seront connues pour renfermer un peu d'iode.

L'épaisseur du remblai sera d'autant plus considérable que la proportion de terre employée aura été moins grande et que la contrée sera plus chaude. Une hauteur égale à celle de la stature humaine sera suffisante dans les cas les plus désavantageux.

Il est utile que le remblai, après son nivellement extérieur, ne fasse aucune saillie sur le terrain environnant avec lequel, au contraire, il doit se confondre à l'œil, afin de ne pas appeler les animaux et à leur suite des immondices.

La surface imperméable aura une pente très faible vers un point unique où sera creusée profondément une citerne. Ce réservoir, établi d'après les principes ordinaires, sera recouvert d'une voûte plus basse encore que la partie inférieure du remblai et facilement pénétrable à l'eau.

Sur le tout s'étendra un pré, et dans les climats où cela serait impossible, un tapis de plantes courtes, mais de nature à faire naître la rosée durant les nuits claires.

Lorsque la pluie tombera sur la masse filtrante, elle la trouvera toujours un peu humectée sous les herbes qu'entretenait la rosée, pénétrera lentement la terre, descendra goutte à goutte sur le calcaire, puis dans le sable, et par cette voie dans la citerne.

Une faible partie de l'eau tombée sur un sol ainsi constitué retournera par l'évaporation à l'atmosphère. Le reste est acquis au réservoir pour l'approvisionnement de l'homme.

Voici ce qui se sera passé : l'eau de pluie aura entraîné avec elle une petite quantité d'acide carbonique. Celle-ci, accrue à l'approche du sol, après s'être unie à quelque peu de calcaire rencontré au travers de la masse filtrante, s'est maintenue avec lui à l'état de dissolution dans l'eau. Le liquide est ainsi muni de calcaire.

Or, ayant d'autre part emprunté à l'atmosphère une assez grande quantité d'air, il a pu se charger, avec ce concours, des traces de fer et d'iode en vue desquelles avaient été déposés des minerais dans la masse filtrante. Le liquide est ainsi complété quant aux matières dont il était convenable de le munir. Il renferme de l'air, du calcaire, du fer et de l'iode.

Ces qualités ne se maintiennent dans l'eau qu'au prix d'une température peu élevée et de l'absence d'évaporation. On obtiendra cette dernière condition en tenant la citerne constamment close, et en disposant une issue au travers des terres pour le trop plein, aussi bas que le niveau inférieur de la masse filtrante.

Quant à la fraîcheur de l'eau, elle est assurée par la profondeur de la citerne dans les pays où la température moyenne ne dépasse pas la quotité nécessaire pour que la vigne résiste encore au froid. En pareil lieu, le pré de la masse filtrante peut être et doit être, avec avantage, exposé nu à l'aspect continuel du ciel. Dans des contrées extrêmement chaudes, il conviendrait que durant l'action du soleil ses rayons fussent interceptés.

L'eau étant menacée de perdre, par les changements de température, les sels dont elle s'est munie dans des circonstances propices, ne doit être ni chauffée, ni extrêmement refroidie pour la boisson.

Dans les pays même peu favorisés par la pluie, une masse filtrante de quinze pas de diamètre peut alimenter abondamment une famille ordinaire avec ses animaux. Les sommets les plus arides seraient rendus habitables par l'établissement des sources qu'il est ainsi donné à l'homme de pouvoir créer.

Sources. — Le plus souvent on peut faire mieux, quant à l'abondance de l'eau, que de construire des sources artificielles. On peut, dans un intérêt général, dériver des cours d'eau plus élevés que le niveau du groupe des habitations.

L'eau, reconnue bonne, doit être prise à la source même avant qu'elle ait été exposée à l'air et au soleil. Elle doit être conduite aux habitations par des canaux assez profonds pour que la température ne soit pas altérée.

Lorsque le niveau des sources connues est plus bas que celui des habitations, il conviendra de rechercher sur des points plus élevés les cours d'eau souterrains.

Si l'eau de pluie tombait sur un sol parfaitement imperméable, elle s'écoulerait immédiatement en ruisseaux et en rivières jusqu'à la mer. Mais la majeure partie des continents est formée de masses filtrantes; il y a donc partout des eaux souterraines et des sources alimentées par les pluies. Elles varient quant à l'abondance et à la quantité; elles forment sous le sol, avant de parvenir à la mer, aux rivières et aux ruisseaux, un système de courants et en quelque sorte de lacs analogues à ce qui se voit au dehors. Il suffira pour les trouver de savoir faire abstraction de la masse filtrante qui les recouvre,

puis, pour apprécier quelle quantité d'eau alimentera chaque
noue, d'examiner à son tour la surface, l'épaisseur et la nature
plus ou moins spongieuse de la masse filtrante elle-même.
Rien ne serait plus facile que de déterminer, après l'examen
du sol, l'emplacement et les formes du sol imperméable, le
courant, la nature et la quantité des eaux filtrées, le procédé
à employer pour les obtenir ; mais de pareilles recherches, en
raison même de leur utilité, éveillent toujours la plus vive
réaction de l'esprit. L'homme, dans l'intérêt de l'équilibre
général, tendra donc aveuglément à déraisonner dès qu'il
s'agira de sources à découvrir sous terre.

Pour échapper à ce danger, la société devra charger du soin
de découvrir les sources des hommes exercés à la pratique de
la géologie et des travaux de fontainerie, en écartant avec soin
les opinions formées en dehors de ces spécialités.

Il peut arriver encore, dans les pays de plaines, que l'eau
de bonne qualité se trouve à une grande profondeur sous le
sol, et que de là elles puissent être élevées soit par leur propre
impulsion, soit à l'aide de machines.

Apprêts des vivres.

L'homme rencontre des mets préparés en quelque sorte
pour lui et qu'il peut consommer sans les avoir apprêtés. Cet
avantage appartient de même, quoique à des degrés différents,
à tous les animaux, et c'est une condition protectrice de chaque
race contre la destruction.

Mais il ne nous a pas été donné vainement de pouvoir, en
outre, manger d'un grand nombre de matières différentes.
L'abondance de la population ne s'acquiert qu'au prix de cette
variété. Accroître par la science des apprêts le nombre des
choses propres à la nourriture est un mérite qui distingue des
sauvages les peuples civilisés. Chez ces derniers, le régime
habituel sera toujours de produire la denrée, puis d'opérer
sur elle un travail préalable avant de la consommer.

Le nombre des aliments qui semblent n'exiger ou qui

n'exigent même aucune préparation se trouve, sous chaque climat, très restreint. Encore est-il toujours nécessaire de les soumettre à un certain examen pour constater que nulle cause d'insalubrité ne les a entachées. L'incurie de l'homme serait promptement punie, s'il venait à compter seulement sur de pareilles ressources. En effet, des intempéries, des maladies, la concurrence d'animaux souvent microscopiques dont les circonstances auront inopinément développé le nombre, et des milliers d'autres causes toujours présentes à la lutte d'où ressort l'équilibre général, détruiront peut-être l'aliment sur lequel il semblait le plus naturel de compter.

La prudence commande donc d'apporter une variété prévoyante dans les productions des denrées végétales ou animales, de telle sorte qu'une cause qui mettrait en péril certaines espèces propres à notre alimentation, pût, au contraire, en faire réussir d'autres.

Elle commande ensuite que l'on classe comme nourriture, chez un peuple, tout ce qui peut être utilement consommé par l'homme. Or, le nombre des choses dont il est possible de se nourrir est partout plus grand que l'usage habituel ne l'admet. Il arrive même qu'un aliment estimé d'une population soit repoussé par une autre, sans autre raison que celle d'une répugnance malheureusement inspirée dès le bas âge.

La prudence commande enfin d'étudier, comme une chose sérieuse, les meilleures manières de préparer les aliments.

Les mets les plus précieux ne sont ni les plus rares, ni les plus chers, mais simplement ceux qui ont été le mieux préparés et le plus convenablement présentés à l'appétit. Dans une société civilisée, il n'y a, sous ce rapport, ni riches, ni pauvres; il y a des gens qui savent ou ne savent pas faire.

Les obstacles à la généralisation de l'habileté culinaire sont: la malpropreté qui engendre le dégoût, la paresse qui laisse sans mérite les meilleures choses, l'envie qui fait croire à une supériorité illusoire des objets inaccessibles par leur haut prix au commun des hommes.

On ne saurait vivre sans tuer d'autres êtres pour en faire ses aliments. Mais le meurtre, particulièrement en ce qui concerne les animaux, devra n'avoir occasionné aucune souffrance, sous peine d'inspirer peut-être au convive, en même temps que les souvenirs de cruauté, des sentiments certains de déplaisir et de répugnance. Le mets doit être exempt de toute association d'idées fâcheuses.

On doit donner la nourriture aux enfants dans des conditions d'extrême propreté matérielle et idéale.

Les voies publiques.

Il n'y a pas de commerce sans voies publiques, pas d'industrie sans commerce, pas d'émulation sans industrie. Pour produire le commerce, l'industrie et l'émulation, éléments essentiels de la civilisation chez un peuple, il faut donc pardessus tout lui donner des chemins.

La rue. — Dans un groupe de population qui tend à prendre une extrême densité, la rue est d'abord un moyen de mettre en communication mutuelle les demeures des habitants, les édifices, les places publiques, l'intérieur et l'extérieur de la cité. Elle a, en outre, pour but de distribuer aux maisons la lumière, l'air et la siccité, qui ne tarderaient pas à leur faire défaut si la commune ne secourait, au moyen de mesures générales, l'intérêt particulier. En retour du service rendu, la société limite l'ambition individuelle du riverain pour interdire les anticipations de terrain, les exhaussements exagérés de maisons et toute entreprise qui ne serait pas en harmonie avec les conditions complexes de perfection de la rue.

Le niveau de la chaussée doit toujours être plus bas que le sol inférieur des habitations riveraines dans l'intérêt de la salubrité de celles-ci. La société ne se dessaisira donc jamais du droit d'exhausser le sol de la maison en même temps que le niveau de la voie publique.

Une rue doit avoir la largeur nécessaire pour que le soleil puisse en éclairer les rives durant un temps utile. Mais dans une ville ancienne, aux voies étroites, on rendra à celles-ci leur vertu assainissante en multipliant sur leur parcours des places publiques nouvelles, des créations de rues transversales très larges, et des carrefours très ouverts, enfin en abaissant les maisons trop hautes.

La rue est bien faite si, remplissant déjà ces diverses conditions, elle jouit, en outre, de pentes et de contours établis d'après les besoins. Elle plaît, si les édifices ou les objets vers lesquels doit être dirigée la chaussée se trouvent sur l'axe de celle-ci et constamment en vue du marcheur. Car les maisons riveraines ne commandent jamais l'attention. Elles ne sont vues que par celui qui les cherche, et reconnues qu'à la variété d'aspect des façades.

Les obstacles au perfectionnement de la rue proviendront, d'une part, du zèle de l'individu à rendre sa maison plus distincte en la faisant plus saillante et plus haute que les voisines; d'autre part, d'un sentiment de réaction contre l'intérêt individuel qui porte l'autorité à prescrire des chaussées en droite ligne, uniformes de largeur, uniformes même quant à l'aspect des façades riveraines, libres de tout obstacle qui, nonobstant la plus heureuse opportunité, contrarierait l'idée absolue du parcours. L'individu, en vue du mieux, aura pu déranger les proportions de la statue; l'autorité annihile celle-ci en réduisant le marbre à un bloc simplement équarri.

La route. — Le commerce est d'autant plus actif que les voies de transport des objets sont plus faciles. Dans des contrées privilégiées, les mers, les fleuves et même des chemins naturels sur terre engendrent le mouvement commercial. Chez tous les peuples civilisés, l'industrie humaine crée la *route*, qui est le complément auquel aboutissent inévitablement les autres systèmes de circulation.

La route a ses points de départ et d'arrivée dans les centres de population; mais, quoique subordonnée à ces derniers, elle finit par être la cause dominante de leurs emplacements. Il importe donc que tout tracé de route ait d'abord pour résultat d'appeler en lieux élevés, et non dans les vallées moins saines, les nouvelles habitations, d'encourager la formation des groupes sur des points à la fois plus hauts que l'air stagnant des fonds et plus bas que les niveaux des sources propres à être dérivées, de desservir enfin les zones où prospèreront le plus sûrement les qualités de la race humaine.

Dans son parcours, la route rencontrera des intérêts à satisfaire, des richesses à faire éclore, des obstacles à tourner. Rien ne doit être négligé de ce qui peut augmenter l'utilité de la voie.

Le tracé parfait d'une route, au point de vue géométrique, est une courbe à double courbure, continue, astreinte à passer par des points déterminés, à s'infléchir pour en atteindre tangentiellement d'autres intermédiaires et à rester néanmoins, dans ces conditions, courte et facile de pentes.

Les routes conduisent d'une commune à une autre; mais sur chaque territoire doivent être établis des chemins d'un intérêt plus limité. Ils conduisent aux champs, à la pâture, à la forêt et au habitations séparées du groupe. On doit les traiter, toutes proportions gardées, comme des routes.

La place du marché.

Il faut, pour le trafic à longues distances, des établissements spéciaux; mais le commerce capital est celui qui se fait par le cultivateur et pour lui : ce sont les foires.

La commune doit avoir dans ce but une place publique très vaste, centre des routes, et entourée de maisons. Des abris, des arbres et des fontaines sur la place, des hôtelleries et les marchands du pays au pourtour sont les accompagnements indispensables du marché. De l'ordre, de la liberté et des jeux en assureront le succès.

Les jours de foire sont périodiques et doivent être connus au loin. Leur détermination doit résulter du consentement de toutes les communes d'une contrée.

Les marchés destinés à l'approvisionnement journalier d'un

groupe de population sont en réalité des foires réduites à de minimes proportions. Le même lieu devra les recevoir dans les mêmes conditions de tenue.

Les terres communales.

S'il arrivait que chaque famille eût sa maison et, groupés autour d'elle, son champ et son bois, la société aurait atteint cet état idéal vers lequel elle doit tendre sans cesse sous peine de déchoir. Cependant ce bien-être, impossible vu le principe de lutte qui régit le monde, peut avoir en partie son équivalent dans la constitution des terres communales. Celles-ci seront une condition essentielle de santé et d'agrément pour l'homme comme pour les animaux domestiques dont il vit. Elles auront, pour ce but général, des emplois divers.

Le jardin public. — C'est une arène avec des ombrages et des gazons, où l'enfant jouisse de toute la liberté de mouvements possible à l'abri des dangers qu'il est bon de prévoir.

Le pré-bois. — Une pelouse sur le sol le plus sec, mais garnie de touffes d'arbres et de buissons, sera destinée aux animaux de l'espèce ovine, et à leurs équivalents, tels que la chèvre.

Un espace non moins considérable doit être affecté aux animaux de la plus haute taille, avec de grands arbres donnant des ombrages.

La forêt. — La forêt sera livrée à la pâture des animaux domestiques qui vivent à l'ombre et fouillent la terre, tels que le porc.

L'une et l'autre partie des prés-bois, ainsi que la forêt, seront munies de clôtures, afin que les divers groupes d'animaux jouissent, chacun dans sa contrée, de la plus grande liberté sans pouvoir s'échapper pour nuire au dehors, et acquièrent sur le parcours une santé nécessaire à eux comme à l'homme qui doit tirer de leur dépouille une nourriture saine.

La commune prendra les mesures nécessaires, selon le climat et les circonstances, pour protéger les plantes au moment le plus critique de la végétation, et pour maintenir le sol dans l'état de conservation qu'il comporte. Elle fera planter des arbres fruitiers sur tous les points où ils pourront réussir, et en variant les espèces de manière à donner toujours quelques fruits aux appétits de l'homme et de ses animaux vaguant par les prés-bois ou la forêt.

En raison de la variété nécessaire des arbres et de leur diversité de croissance comme de durée, les plantations n'affecteront ni des lignes géométriques, ni une irrégularité capricieuse. Elles occuperont les points les plus convenables relativement à la nature du sous-sol, à l'orientation, aux groupes des buissons protecteurs, à la liberté de la circulation, aux nécessités de la clôture. Distrait plutôt que détourné par ces accidents semés autour des pelouses et des clairières, l'œil devra pouvoir se promener sur de longs espaces. Les eaux s'y montreront pour la soif et pour le bain.

C'est sur les terres communales que la jeunesse viendra, de même que les animaux, revivifier son corps et son intelligence. C'est là que tous les âges trouveront, après le travail, le repos animé et salutaire du grand air au milieu des richesses accumulées de la nature.

Le jardin public, les prés-bois et la forêt devront, autant que possible et nonobstant les subdivisions accusées par les clôtures, formér un vaste groupe. Etablir celui-ci avec sagesse et le tracer avec art est un problème que rarement les hommes les plus spéciaux eux-mêmes sauront résoudre, mais que toute administration civilisée doit entreprendre avec persévérance.

Les obstacles à cette entreprise seront puissants : résistance de l'intérêt privé à coopérer à une œuvre commune; dispositions de l'individu à abuser du domaine public, et de l'administrateur à écarter l'individu ; aveugle tendance de tous vers le partage ou la vente des terres communales.

Les fêtes.

Une réaction permanente contre les labeurs journaliers du corps et de l'esprit appelle les fêtes. Il faut non pas essayer de supprimer cette irrésistible tendance, mais la régler pour en conjurer les inconvénients. Il faut, dans l'intérêt général, tirer parti même d'un temps, d'efforts et de mouvements qui pourraient sembler perdus. Une société civilisée trouvera encore du profit dans les fêtes, si elle a su lutter contre la folie du courant par d'opportunes dérivations d'idées.

Plus le corps aura subi longtemps la contrainte d'une même attitude, plus il aura besoin d'un exercice général de tous les membres.

Plus l'esprit aura été tendu dans une seule direction, plus l'imagination aura besoin de s'ébattre.

Il y aura donc des fêtes d'ordres différents pour satisfaire à des aspirations différentes elles-mêmes.

Fêtes du corps. — Les fêtes ayant toutes pour résultat de dérober momentanément l'individu à la prédominance des conseils de l'âme, doivent être réglées avec d'autant plus de soin qu'elles offrent sous ce rapport un plus grand péril. La société organisera donc, pour tous, des fêtes qui répondent aux aspirations du corps, sans que les intérêts majeurs de l'humanité en soient compromis ; elle instituera des jeux gymnastiques. Ceux-ci seront publics, afin que chacun puisse y prendre part, et variés en raison des fatigues antérieures à réparer. La commune leur affectera un local ouvert à tous les regards, et où nulle faute ne puisse échapper, ni à la surveillance générale des citoyens, ni à la vindicte de la morale publique.

De tous les jeux, c'est celui de la danse qui a particulièrement le don de séduire le plus vivement la jeunesse. Il importe donc beaucoup de ne pas laisser au hasard, ou à la fantaisie, le choix des dispositions chorégraphiques. Des mesures, futiles en apparence, mais d'où peuvent résulter les plus graves conséquences dans l'avenir, doivent être traitées selon l'importance du but définitif de la société, et non pour elles-mêmes. La détermination du lieu, du jour, de l'heure, des circonstances, du mode, du choix des appelés, pour les fêtes chorégraphiques, le règlement, en un mot, des danses publiques, tout cela constitue un devoir communal.

Fêtes de l'esprit. — Les fêtes de l'esprit, autant qu'il est possible de les distinguer de celles du corps, ont pour objet d'appeler une assemblée à jouir en commun d'une série d'idées données en pâture à l'imagination. Comme celle-ci se plaira par dessus tout à des exercices différents de ceux auxquels elle s'adonne dans le labeur journalier, elle voudra des fictions. De là surgit un danger; car il se pourrait qu'après être sorti de la réalité on eût peine à y rentrer. Il faudra donc écarter de ces fêtes toutes les idées ayant pour résultat d'atténuer dans une population l'amour de la famille, du pays et de la vie que celui-ci comporte. On écartera les fictions dont l'impression trop forte pourrait ensuite embarrasser le travail habituel de l'esprit, ou le dévoyer.

Chez les peuples peu avancés en civilisation, les grandes réunions d'hommes font naître les querelles, le jeu et le vol. De ces trois maux, le dernier est le plus simple à réprimer, parce que, attaquant indifféremment chacun au profit d'un seul, il rencontre partout la même animadversion. Quant aux deux autres, il est difficile de rectifier à leur égard l'opinion des assistants en raison de leur complicité plus ou moins directe, mais habituelle dans la faute. On regarde en général comme licite le jeu, lequel consiste à chercher dans le hasard, ou dans les éventualités de l'adresse d'un moment, un certain lucre au détriment d'autrui. Le consentement de celui qui perd semble absoudre celui qui gagne. Il en serait ainsi effectivement si la perte n'affectait jamais d'une manière appréciable le bien de la famille. Mais il arrivera souvent le contraire, et comme le droit de propriété appartient en somme à l'avenir des enfants, il convient que la famille soit munie du pouvoir de revendiquer ce qui aurait été détourné à son désavantage. Le gagnant devrait se trouver, par rapport à elle, sous le poids d'une restitution à faire et d'une peine à subir.

La poésie, la musique, les spectacles, l'éloquence font les frais des fêtes données à l'imagination.

En tous pays, les fêtes les plus splendides de l'esprit sont données par la religion. Elles se développent avec la civilisation, perdent peu à peu par le contact ce caractère de misère féroce qui est le propre de l'état sauvage, et finissent par n'emprunter leur prestige qu'au luxe des beaux-arts. En raison de la crainte des intempéries et par la nécessité d'espacer régulièrement les jours de trêve dans le travail, la religion célèbre habituellement les fêtes à date fixe et sous un abri.

Le succès de ces fêtes est dans la foule des assistants, le mérite de l'édifice et le génie artistique employé à faire dominer, durant la cérémonie, un certain ordre d'idées traditionnelles.

La commune devra éviter de subdiviser la foule en des lieux saints différents. Ces morcellements amoindriraient la fête, et, s'ils étaient poussés à l'excès, ils n'auraient plus pour effet que de réveiller par l'isolement, chez l'individu, le sentiment de l'égoïsme et de l'idolâtrie.

Quand une contrée jouit d'un climat exempt des froids de l'hiver, le temple doit associer à ses richesses monumentales celles d'un horizon en harmonie avec lui. De grands arbres et de belles roches peuvent tenir lieu de clôture contre l'action des vents qui seuls resteraient à craindre en pareil cas.

Le plus souvent le temple doit protéger les assistants contre le froid, le chaud, les vents, la pluie ou la neige, enfin contre les incidents de la voie publique. De là l'utilité d'un édifice clos de toutes parts, et dans lequel se concentreront les efforts de l'architecture.

LIVRE IV.

L'ARCHITECTURE.

I

Tout homme a reçu, en don naturel, les aptitudes nécessaires pour concevoir et construire l'abri de sa famille; il est
architecte. Mais plus un peuple est civilisé, moins il se con-
tente des simples procédés du sauvage. La société forme des
hommes spéciaux chez qui l'habileté première soit centuplée
par l'éducation. Elle fait de l'exercice de l'architecture une
profession qui consiste à diriger la pensée et l'exécution de
l'œuvre, à gouverner la chose et ses artisans. Le soin du
maître des lieux devra donc être dès lors de savoir se choisir
un architecte et d'en traire les conceptions librement formées.

Comme contrepoids au perfectionnement de l'architecture
intervient toujours l'autorité du possesseur dans l'œuvre, de
sorte que la production devient une résultante entre les conceptions de l'artiste et la volonté de celui qui paie. L'un et
l'autre se trouvent encore le plus souvent dévoyés par la Mode.

Cette maladie existe surtout dans les civilisations assez
avancées pour faire naître le luxe; elle y résulte de l'inégalité
des richesses. Des personnes en position de briller tiennent à
se distinguer du vulgaire par des nouveautés que celui-ci ne
tarde pas à imiter à son tour. Le mal devient une calamité,
lorsqu'un souverain et sa cour introduisent dans l'usage les
modes dont l'imitation sera nuisible à l'intérêt du plus grand
nombre.

L'architecte, destiné à créer des œuvres plus durables qu'une
mode, doit s'être rendu, par l'étendue de son savoir, complètement indépendant de la tyrannie de ce vice. Il imprimera

lui-même à ses œuvres un caractère d'impérissable nouveauté, lorsqu'il les aura conçues chacune avec les éléments spéciaux qui lui seront propres; car des études logiquement établies d'après des circonstances différentes ne pourraient pas aboutir à des résultats identiques. Elles excluent par elles-mêmes toute pensée d'imitation. La ressemblance d'une œuvre avec une autre peut être le produit fortuit de points de départ peu différents; elle ne sera généralement que l'effet d'un art encore insuffisamment développé.

L'architecte.

L'architecture ne vaut chez un peuple que par le mérite de l'éducation donnée à l'architecte.

Destiné à suppléer par la spécialité de certaines connaissances à l'inexpérience de ceux qui en sont dépourvus, l'architecte doit d'abord avoir été muni dès sa jeunesse d'une instruction très variée et qui le place au niveau des classes les plus favorisées sous le rapport de l'enseignement reçu.

Il doit, en second lieu, dépasser cette limite quant à la connaissance des phénomènes physiques qui intéresseront ses œuvres.

Il connaîtra les matériaux à employer, ainsi que les procédés de l'industrie et des beaux-arts, de manière à pouvoir toujours déterminer le degré de perfection des ouvrages.

Il aura étudié dans leurs moindres détails les usages de toutes les classes de la population à laquelle il se trouve attaché.

Il possédera une telle habitude pratique du dessin que la main, chez lui, rende instantanément la pensée, puis un tel sentiment d'appréciation que celui-ci puisse précéder tous les calculs, en tenir même lieu durant l'étude des projets.

Car on a, au fond, besoin de l'expérience acquise par l'architecte, et de ses conceptions bien plus encore que de sa participation à la conduite des ouvriers et au contrôle des dépenses.

La stéréotomie. — L'architecte doit posséder, en commun avec les ouvriers, l'art de tracer les lignes suivant lesquelles les matériaux seront préparés et employés. C'est le premier enseignement spécial qui lui incombe. L'art du trait est indispensable à celui qui va participer à l'exécution d'un bâtiment, d'un meuble, d'une machine, en un mot de toute chose destinée à recevoir une forme. Plus un peuple est civilisé, plus il possède d'ouvriers exercés dans la pratique de cet art dont dépend la perfection des ouvrages. Quant à l'architecte, il doit être rompu à ce genre de travail et s'en servir à toute heure, sans avoir jamais besoin pour cet objet du moindre effort.

11

L'ŒUVRE.

L'œuvre doit être constituée en vue directe du but.

Elle tire son utilité comme son ornementation de sa disposition générale, de la distribution des parties, du choix et de l'emploi des matériaux, de la netteté des effets produits sur les sens.

Le vrai.

Les diverses parties d'une œuvre n'ont pas besoin d'être mises toutes également en vue. Celles qui éveillent les idées le plus en rapport avec le dehors doivent se produire avec le plus de relief. Les autres, au contraire, doivent rester plus ou moins en retrait ; mais, que ni les unes, ni les autres ne mentent. Une œuvre parfaite exprimera nettement, et dans toutes ses parties, sa destination. Elle s'expliquera elle-même aux premiers regards, sans qu'il soit besoin de l'aide d'un interprète.

L'obstacle à la production d'œuvres vraies gît dans l'impuissance habituelle des auteurs, rien n'exigeant plus de savoir et d'étude que de pareilles entreprises, rien, au contraire, n'étant si aisé et si attrayant que d'imiter et de simuler. Cette impuissance se dérobe elle-même sous un abus aveugle de la symétrie, laquelle couvre de son mérite les compositions les moins intelligentes.

L'architecte, proportionnellement au degré de liberté que comportera l'appropriation de l'œuvre, s'appliquera donc :

A faire ressortir de l'ensemble une signification manifeste du but ;

A produire en son rang, avec son volume et sa forme caractéristique, chacune des parties ;

A tirer une première ornementation de l'ingénieuse combinaison des matériaux même dont il aura dû se servir.

Le beau.

Le beau est l'apparence, non la réalité du bien. Il en est le sentiment sujet à erreur. Mais il émane toujours de lui. Pour atteindre la première de ces qualités, il faut viser droit à la seconde.

Toute œuvre humaine ayant pour but un succès quelconque dans la lutte permanente à laquelle Dieu nous destine, et, pour moyens, des procédés conformes aux lois naturelles, sera belle par cela même qu'elle est sur la voie du bien.

Ainsi, la première condition d'une entreprise devra être son utilité pour la race, pour la famille, pour l'individu. Or, le nombre des circonstances d'où peut surgir l'utile est infini, comme celui des formes qu'il peut revêtir.

L'architecte ne cherchera donc point le beau pour le beau, chose impossible, mais l'utile d'où son intelligence fera découler le bien, et le bien d'où naîtra de lui-même le beau.

Il obtiendra dans cette voie un succès proportionné à son expérience. Sans pouvoir jamais atteindre cette perfection qui appartient indistinctement à tous les types de la création, il parviendra néanmoins, en concentrant ses efforts d'homme vers un but accessible à l'intelligence humaine, à produire le beau.

Symétrie artistique.

Il n'existe de symétrie absolue que dans la surface de la sphère considérée au point de vue théorique. Dans les formes, toujours parfaites, établies pour les êtres vivants, la symétrie est restreinte quoique nécessaire; elle ne s'y manifeste même pas toujours aux regards, quoique ne cessant jamais d'exister. Mais on l'y reconnaît dans chaque masse douée d'une direction, ayant en conséquence un avant, un arrière et des flancs, avec une base et une sommité.

Le caractère des formes naturelles est de présenter deux moitiés en parfait équilibre, point pour point, l'une avec l'autre, mais indéfiniment variables de l'arrière à l'avant, de la sommité à la base.

Habitué à confondre le beau avec le bien des types naturels, l'homme est entraîné à considérer, pour ses propres œuvres, la symétrie comme une cause déterminante, et non plus simplement comme un des éléments du beau. Transgressant même alors l'exemple de la nature, il abuse ordinairement de l'usage de la symétrie pour l'appliquer, nonobstant les convenances les plus manifestes et les destinations les plus opposées, aux flancs et à l'arrière comme à la face d'une même œuvre.

L'architecte s'efforcera d'échapper à l'erreur commune. Subordonnant la symétrie aux besoins, il calculera d'abord ceux-ci; puis il revêtira de la forme symétrique chaque partie de l'œuvre qui comportera cette disposition :

Symétrie pour deux choses destinées à demeurer en parfait équilibre de solidité;

Symétrie des centres de gravité apparents, lorsque, sur un côté d'axe par rapport à l'autre, les masses différeront de hauteurs et de largeurs sous le même coup d'œil.

Ce qui, dans une œuvre, est un flanc perdra ce caractère chaque fois que la symétrie ne s'y bornera pas à l'équilibre des centres de gravité des masses.

Variété et rhythme.

Le mot seul de variété éveille d'une manière générale l'idée de diversité quelles qu'en soient les circonstances. Mais, dans une œuvre pourvue d'une destination qui est une, la variété consistera nécessairement dans l'application des lois harmoniques du contraste. Elle n'existera, même en réalité, qu'à la condition d'avoir été calculée avec précision sous le rapport des nombres, de la forme, de la couleur, de tous les éléments enfin dont l'homme dispose pour agir dans le cercle limité de l'unité de l'œuvre.

Variété dans la distribution de l'œuvre. — L'architecte que dirigeait le désir d'être vrai dans la distribution d'une œuvre a déjà, par cela même, atteint les causes les plus essentielles de la variété. Car chaque partie concourt à l'unité de l'ensemble par les moyens qui lui sont propres, et qui diffèrent toujours en quelque point les uns des autres. Il suffira donc de ne pas altérer le type des détails, et l'on verra paraître, comme spontanément, dans la masse, la variété qu'il faudra calculer ensuite.

Rhythme architectural. — Simultanément avec cette première opération, il faut relier toutes ces parties diverses par un élément commun qui maintienne le caractère d'ensemble. Ce lien consiste en une sorte d'ornementation continue, ayant par elle-même une importance secondaire, mais dont le caractère soit de se reproduire toujours la même à la manière d'un rhythme, emprunté, selon le cas, à la forme, à la couleur, au son, ou à d'autres procédés auxquels l'imagination soit accessible, ou enfin à plusieurs de ces moyens à la fois. Tout rhythme devra être constitué de telle sorte qu'il laisse en relief les éléments de variété propres à l'œuvre.

L'ornementation doit ressortir de la nature de l'œuvre et s'y rendre utile.

Variété dans le détail. — Si chaque partie d'une œuvre doit être disposée en vue de l'unité dans l'ensemble, elle doit à son tour être étudiée comme formant un tout. La masse se compose ainsi d'œuvres subordonnées les unes aux autres quant à l'importance, comprises hiérarchiquement dans la même conception, mais qui, considérées isolément, ont toutes une valeur propre.

III

ORDRE ARCHITECTONIQUE.

Un *Ordre*, en architecture, est le système des proportions dans lesquelles apparaît la masse. Il se résume communément, pour le praticien, dans certains types des supports, de leurs bases et de leurs couronnements, ou autrement de la Colonne, du Soubassement et de l'Entablement.

Ces types varient suivant la nature des matériaux, le climat et les usages de la population ; ils devraient varier aussi souvent que les circonstances dans lesquelles se produit l'édifice.

Mais, étant données les dispositions sommaires d'un *Ordre*, toutes ses parties doivent coexister suivant les nombres harmoniques, sous peine de produire des notes fausses dans le chant de l'édifice.

L'application de ce principe est compliqué de la nécessité où se trouve l'architecte de tenir compte, dans ses mesures, des réductions ou des augmentations de volumes produites sur l'œil par la perspective des parties rentrantes ou saillantes, par l'intervention des voussures, des frontons, des combles et des étages.

Proportions de l'Ordre. — L'architecte doit déterminer les rapports de dimensions :

1° Entre la largeur, quelle qu'elle soit, de l'édifice et sa hauteur ;

2° Entre cette hauteur et celle de la colonne ;

3° Entre l'épaisseur de l'entablement et le diamètre de la colonne destinée à le supporter.

Car telles sont les choses qui atteindront successivement l'esprit du spectateur avant toutes les autres.

Dans le cas le plus simple, où la façade se trouvait réduite à un entablement sur des colonnes avec des gradins pour socle, les temples les plus anciens de la Grèce affectaient habituellement le rapport de 6 à 4, ou du *sol* de la gamme (6/4), tant pour la largeur comparée à la hauteur quant à la face antérieure du monument, que pour la comparaison de la hauteur de la masse avec celle de la colonne. Et comme ces temples étaient surmontés de frontons, la hauteur générale de la masse se mesurait, suivant le cas, soit du sol au centre de gravité du fronton, soit de la même base inférieure jusqu'au sommet de ce triangle traditionnel. Il fallait, pour motiver cette dernière mesure, que l'attention du spectateur fût appelée plus haut que le centre de gravité du fronton par quelque ornementation qui signalât le faîte de l'édifice.

Néanmoins, l'art ne se bornait point à la manifestation d'un accord architectonique de *ut, sol,* pour les édifices sacrés. Au temple dit de Minerve et d'Erectée, le rapport de la hauteur totale de l'édifice à celle de la colonne fut de 5 à 4, ou de *mi* (5/4); celui de l'entablement au diamètre moyen de la colonne de 5 à 2, ou de *mi* grave (5/2); celui du chapiteau au même diamètre de 9/8 *(ré).*

Le petit monument rond dit de Lysicrates, à Athènes, est plus compliqué quant à ses dispositions harmoniques. Il consiste : d'une part, dans un Ordre avec sa base propre et son couronnement, ayant en dessous un soubassement élevé, en dessus des ornements étagés plus haut que la corniche; d'autre part, dans une façade en retrait de la colonnade, concentrique avec celle-ci, et portant elle-même un entablement qui se perd derrière l'architecture extérieure.

Dans ces détails, le monument présente les proportions suivantes :

La masse, mesurée du sol jusqu'au-dessus de la double dentelle de l'entablement, étant 5, la hauteur depuis le sol jusque sous le couronnement du nu de la tour intérieure est de 4 : soit le rapport de *mi* (5/4).

L'Ordre, c'est-à-dire la colonne, son entablement et sa base particulière étant 4, la hauteur de la colonne est 3 : soit le rapport de *fa* (4/3).

Le même Ordre, avec les mêmes détails, mesuré jusqu'au-dessus du premier rang de dentelle seulement (le second rang correspondant à la tour intérieure), a une hauteur double de la largeur du monument, soit le rapport d'*ut* aigu à *ut* (2/1).

Enfin l'Ordre, diminué de son entablement et de la moitié inférieure de son socle conserve la proportion de 6, pour sa hauteur, à 4 pour la largeur correspondante du monument, ou de *sol* (6/4).

Si l'on ajoute, au contraire, à cette dernière mesure de hauteur celle de l'entablement et du comble, elles représenteront ensemble les 3/5 de la hauteur totale du monument, lequel sera par rapport à ce groupe de 5 à 3, ou de *la* (5/3).

Résumant ces rapports, on trouvera dans le petit monument de Lysicrates les deux séries harmoniques :

ut, *fa*, *la*, *ut* aigu,

Et *ut*, *mi*, *sol*, *ut* aigu.

Les rapports harmoniques à constituer dans la disposition d'une façade sont parfois très nombreux. L'expérience de l'architecte sait les multiplier selon les besoins, non qu'il les calcule toujours géométriquement, mais parce qu'il en possède un sentiment qui tient lieu de calcul. Néanmoins il ne doit pas dédaigner l'emploi de quelques procédés qui peuvent le garantir contre les erreurs.

Emploi de l'Ordre. — La hauteur de la façade ayant été mise en rapport avec sa largeur, l'architecte, à moins d'une préférence motivée, adoptera comme règle de son dessin le principe de la gamme fondamentale, dont le nombre est 24. Ainsi qu'on l'a vu précédemment, celui-ci peut être remplacé par ses dupliques, ou par des sous-multiples binaires qui sont ses équivalents harmoniques, et il satisfait au plus grand nombre des cas. Le dessin sera donc divisé dans sa hauteur en 24 parties horizontales, ou mesures égales, sauf à recourir aux subdivisions dupliques s'il est nécessaire.

Sur ces mesures, ou sur leurs dupliques intercalées, qui constituent le rhythme élémentaire de l'œuvre, viendront s'appliquer les hauteurs des groupes et des subdivisions de groupes, dont l'addition totale est destinée à remplir l'ensemble projeté de 24.

Après ces opérations préliminaires, l'architecte revisera et modifiera chaque hauteur de manière à ce qu'elle aboutisse par l'une et l'autre de ses extrémités sur une des lignes tracées.

Il se gardera de faire aboutir un groupe sur les lignes du milieu, la césure en ce point devenant une faute contre l'unité.

Il excluera de la série des nombres devant exprimer les hauteurs capitales, ceux de 23, 19, 17, 13 et même 11, ceux-ci devant avoir un autre genre d'emploi. Il ne produira les nombres pairs que privés de césure sur leur milieu.

Il disposera ses groupes selon leur importance relative, subordonnera la dimension de chacun aux proportions classées dans la gamme, réglera les largeurs d'après les hauteurs admises et répartira sur les ensembles les rapports harmoniques.

C'est ainsi que, dans l'*Ordre* considéré isolément et réduit à l'entablement sur sa colonne, les proportions, selon le cas, seront les suivantes d'après la gamme fondamentale ([1]) :

1º	Hauteur totale	9,	hauteur de la colonne	8,	rapport de	*ré*	(9/8);
2º	Id.	5,	id.	4,	id.	*mi*	(5/4);
3º	Id.	4,	id.	3,	id.	*fa*	(4/3);
4º	Id.	3,	id.	2,	id.	*sol*	(6/4);
5º	Id.	5,	id.	3,	id.	*la*	(5/3);
6º	Id.	7,	id.	4,	id.	*si-bémol*	(7/4);
7º	Id.	15,	id.	8,	id.	*si*	(15/8).

Quant au diamètre moyen de la colonne, il est naturellement subordonné à l'épaisseur de l'entablement; et ce dernier sera

---

([1]) Voir les lois harmoniques.

le plus souvent alors de 5 par rapport à 2 ou 5/2 *(mi-grave)*, ou même de 2/1 *(ut aigu)*.

Si l'*Ordre* est exhaussé sur un soubassement; s'il est en même temps surmonté d'une addition à l'entablement, il faudra que ces deux nouvelles parties trouvent place dans l'ensemble au détriment des premières. Les proportions de hauteur de la masse par rapport à celle de la colonne seront alors rangées sous la loi des notes les plus élevées de la gamme, telles que 3/2, 5/3, 7/4 et 15/8. Et comme il faudra faire ensuite le partage de tout ce qui n'est pas colonne entre l'entablement, le soubassement et le couronnement, l'architecte aura successivement quatre accords harmoniques à établir :

De la colonne à l'entablement;

De l'entablement à son couronnement;

De ces deux derniers, ou, selon le cas, de l'entablement seul avec le soubassement.

Si chacun de ces groupes de la façade est lui-même ensuite subdivisé en parties diverses, ces subdivisions seront opérées aussi, comme dans les groupes principaux, selon les lois de la gamme. Mais la multiplicité des détails pouvant égarer l'ordonnateur, il aura soin de se rappeler ces règles sommaires qui résultent de l'application des lois harmoniques, savoir :

Que l'on subdivise 3 en 2 et 1,
4 en 3 et 1,
5 en 3 et 2,
7 en 4 et 3,
8 en 5 et 3,
10 en 6 et 4,
12 en 7 et 5.

Mais avant de poursuivre plus loin l'indication des procédés pratiques par lesquels on doit chercher à établir la variété dans les proportions de l'Ordre architectonique, il est nécessaire d'exposer aussi les moyens habituels du rhythme dans l'œuvre.

De bas en haut, dans une façade, le premier élément du rhythme est la succession des matériaux de construction en lignes horizontales. Il peut n'être pas constamment apparent; il s'effacera même sur de grandes hauteurs; il ne doit jamais cesser d'exister. Car c'est par lui que le charme se transmet à l'œil, comme à l'oreille l'empire de la mesure dans une œuvre musicale.

L'action du rhythme s'exerce de même dans le mesurage horizontal. Il commande alors les séries de colonnes semblables, et les reproductions soit de la même fenêtre, soit de la même porte, soit d'un autre même détail d'ornementation.

C'est au sentiment de cette double direction du rhythme que l'on doit l'usage du réseau des lignes horizontales et verticales dessinant une à une des pierres et formant des *refends* sur les murs des temples grecs.

Un détail architectonique peut être rhythmé comme l'ensemble. Les cannelures sur une colonne fournissent un exemple bien connu de ce fait. Il en est de même de tel ornement, minime par lui-même, et qui se reproduit sur de longues lignes de moulures.

Ordres superposés. — On superposera impunément trois, cinq et même sept ordres; la difficulté est extrême d'organiser l'un sur l'autre deux étages seulement. En effet, dans ce dernier cas, il faut, pour conserver le sentiment au moins de l'unité, sacrifier à l'œil soit le rez-de-chaussée en le réduisant au rôle d'un soubassement, soit l'étage en lui donnant l'aspect d'un couronnement. Et dès lors il n'y a plus réellement deux ordres superposés, mais un seul ordre sous un couronnement, ou sur une base élevée.

Trois ou cinq ordres superposées établissent un rhythme, et conséquemment exigent des hauteurs rigoureusement égales entre elles.

Mais cette superposition présente à son tour une masse, et, formant ainsi, par rapport à l'ensemble, un seul ordre, devra être traitée comme telle.

Ordre multiple. — Dans un même étage, on verra parfois un ordre architectonique appliqué à la décoration d'une porte ou d'une fenêtre, puis un second ordre sur la paroi qui contient immédiatement cette ouverture, enfin un troisième affecté plus particulièrement à représenter l'ensemble de l'édifice.

Peut-être même les colonnes formeront-elles des lignes qui, rangées les unes en arrière des autres, sur des gradins de hauteurs différentes, appartiendront toutes néanmoins à un seul étage.

Quelles que soient les dispositions dans lesquelles ces cas se produiront, le nombre des ordres différents devra être de 3 et non de 2 ou de 4. Il pourrait même être de 5. Les hauteurs respectives de ces ordres seront rigoureusement subordonnées les unes aux autres selon les lois harmoniques.

L'Ordre et les voussures. — Une voussure repose sur des supports et constitue réellement avec eux un ordre. La hauteur de celui-ci se mesure du sol au centre de gravité de la voussure, quelles que soient les dispositions imaginées pour cette dernière.

De cette unité de la voussure et du support doit résulter une forme telle que l'équilibre de l'ensemble soit assuré non-seulement en réalité, mais encore pour l'œil. La partie constituant le support devra donc être caractérisée par une tendance à s'élargir plutôt qu'à s'amincir, et, sous le rapport de la hauteur, rester toujours subordonnée à la voussure.

Ce qui a été dit des proportions de l'Ordre architectonique s'applique donc ici avec cette observation : que plus le support aura été réduit de hauteur et accru en largeur, mieux les conditions de la voussure seront satisfaites. Dans ce cas même, les rapports harmoniques rappelés à propos de l'Ordre, peuvent être, non-seulement renversés, mais encore avoir leurs dénominateurs plus graves d'une octave ou de deux : 9/4 ou 9/2, au lieu de 9/8 ; 5/2 ou 5/1, au lieu de 5/4, etc.

Lorsqu'un édifice est voûté sur une grande surface, il arrive ordinairement que celle-ci est occupée par de nombreuses

9

piles sur lesquelles reposent les voussures multipliées de la masse. Il n'en existe aucun cependant qu'une coupole unique sur un support très bas n'eût pu remplacer au point de vue de la capacité. Car la voussure la plus solide, en même temps que la plus spacieuse sous le rapport de la forme, est celle qui repose sur une base circulaire, large et peu élevée. Elle jouit ainsi, sur le plus long développement possible, de la puissance de résistance la plus réelle comme aussi la plus évidente.

Le plus souvent les convenances demandent d'autres voussures qui peuvent varier de la forme de la sphère à celle du berceau. Celui-ci lui-même se présentera sous de très nombreuses dispositions. Il sera droit, annulaire, en pente, en spirale; quel que soit le cas, l'architecte devra toujours veiller à ce que l'ensemble présente une masse dotée de proportions normales dans tous les sens.

Pénétrations dans les voussures. — Il arrivera fréquemment aussi que des voussures accessoires devront pénétrer la principale. Les arêtes de ces pénétrations seront toujours des courbes tracées suivant les lignes les plus caractéristiques de chaque voûte. Elles ne seront donc à double courbure qu'autant que les voussures elles-mêmes auraient des surfaces de ce genre pour génératrices.

Groupement des voussures. — L'habile emploi des voussures n'ayant lieu chez les peuples qu'à la suite d'une longue expérience de ce genre de construction, restera par cela même un mérite toujours rare. Il est redouté, en raison des dangers d'une mauvaise combinaison, par toute personne qui n'a pas eu des modèles sous les yeux. Cette répugnance écarte principalement l'emploi des voûtes qui sont les meilleures quant à la forme et à la solidité, telles que les dômes élevés sur des pendentifs. Et cependant cette disposition, à laquelle l'architecture monumentale doit ses plus splendides effets, s'applique avec le plus grand succès aux plus modestes bâtiments, le dôme pouvant être réduit à un simple segment horizontal de la sphère au lieu d'en être la moitié, et se rapprocher considérablement des pendentifs destinés à le supporter.

L'avantage du dôme est de présenter à la décoration et à l'œil une grande page centrale. Les ellipsoïdes ont, à un degré moindre, ce privilége, qui disparaît dans les voussures dites en *arc de cloître*, et surtout dans les *voûtes d'arête*. Quant à ce dernier cas, on a tiré de son vice même une cause d'ornementation, en garnissant l'arête d'une nervure. Celle-ci, partant du sol où elle est munie d'une base, puis se courbant avec la voûte dont elle est un support, se termine avec ses congénères par une clé pendante qui forme le centre de la travée.

Durant une période de temps assez longue, et qui n'a point encore cessé, l'architecte réunissait l'emploi de l'arête à celui de deux berceaux en arc-aigu, se pénétrant mutuellement, et s'appuyant presque toujours sur les quatre angles d'un carré allongé. Les dispositions normales de ce système sont les suivantes :

Établir un rapport harmonique entre les deux dimensions du carré allongé ;

D'une pile à la pile diagonalement opposée tracer un arc-aigu dont le sommet dépasse le niveau du plus élevé des deux arcs-aigus ou *formerets* des berceaux, — les deux diagonales se rencontreront en un sommet central ;

Faire mouvoir chacun des *formerets* parallèlement à lui-même, dans la direction du sommet central, en appuyant constamment les branches de ces *formerets* sur les lignes des arêtes diagonales déjà déterminées.

Les sommets des voussures seront ainsi des angles creux tracés en courbe par le mouvement des *formerets*. Il était d'usage de garnir ces angles de nervures comme celles des arêtes ; et parfois, dans un simple but de décoration, de marquer des clés pendantes de second ordre au centre de chacune des huit demi-voussures triangulaires résultant du dessin, puis de relier par de nouvelles nervures ces huit petits centres avec les coins des triangles. De cette dernière combinaison résultait un véritable ensemble d'arêtes curvilignes où la clé pendante centrale remplissait le rôle de milieu. Contrairement au système des coupoles où le centre est occupé par la voussure elle-même, cette fonction était donnée ici à l'encadrement développé en tous sens. Aussi la clé pendante principale eut-elle souvent et avec raison une très grande importance. Elle résumait toute l'attention. On appelait *augive* (¹) la nervure, et le système porte aujourd'hui le nom d'architecture augivale.

Les plafonds. — L'un des premiers soins, chez un peuple constructeur, est de couvrir la *chambre,* sinon d'une voussure, du moins d'un plafond composé de poutres portant une aire. Celles-ci agissent comme voûtes par l'épaisseur de leurs masses, et comme *tirants* (²) par la résistance de leurs faces inférieures contre la *poussée.* Elles sont le plus souvent dissimulées par le voile uniforme d'une tenture ou d'un enduit. De ce fait résulte alors l'unité d'aspect du plafond. Parfois les poutres sont disposées d'une manière apparente en dessinant un réseau uniforme de cadres soit carrés, soit autres quant au périmètre, et que l'on appelle des *caissons.* Cette combinaison constitue un rhythme et conséquemment appelle toutes les déductions qui doivent dériver de ce système. Le fond des caissons reçoit un ornement tantôt saillant, tantôt peint, et les arêtes des poutres s'enrichissent elles-mêmes de moulures.

On tire néanmoins une décoration plus vraie et qui ne doit jamais être dédaignée, de la simple apparence des poutres principales, de leurs proportions, de leurs espacements, et de la combinaison de leurs lignes avec celles de poutrelles de plus petite dimension transversalement placées et destinées à porter l'aire définitive.

Il peut y avoir superposition de poutrages successifs disposés pour former ensemble une décoration de grand luxe. Ils produiront ainsi trois et même cinq plans de plafonds. L'œil

---

(¹) De *augere,* augmenter.
(²) Pièce de bois ou de métal agissant à la manière de la corde tendue par un arc.

se plait dans la richesse de cette partie des bâtiments qui est toujours en vue et peu sujette à la souillure. Il aime à y rencontrer des tableaux profondément encadrés dans les combinaisons des poutrages.

Les baies. — Les baies d'un bâtiment affecteront autant de formes variées qu'elles auront de destinations réellement différentes. Celles qui auront le même objet devront être semblables, et constituer ainsi un rhythme subordonné à celui de l'ensemble architectonique.

Pour être vraie, la baie sera couverte par une plate-bande quand celle-ci comportera l'emploi d'une seule pièce, et terminée en forme de cintres ou de polygones quand il faudra user de plusieurs pièces ou claveaux. Les plate-bandes jetées d'une colonne à l'autre dans les portiques chez les anciens peuples constructeurs, consistaient en monolithes de pierre. L'idée d'imiter ces œuvres sans se conformer ni à leurs proportions, ni à leurs dimensions, conduit quelquefois l'architecte, dominé par l'influence d'une mode, à établir des plate-bandes composées de plusieurs claveaux. On peut ainsi tromper l'imagination du spectateur ; on ne la satisfera jamais. Le sentiment des claveaux est lié à celui de la courbe, et non pas à celui de la plate-bande.

Les baies sont les parties du bâtiment qui appellent le plus vivement l'attention. C'est pour elles surtout qu'il importe de ne jamais s'écarter des lois harmoniques. Quelquefois les jambages de l'ouverture s'écartent de la *verticale* soit pour en élargir, soit pour en rétrécir la base : la largeur, comme la hauteur, se mesurent dans tous les cas sur la moyenne.

Lorsque la baie n'a d'autre objet que d'amener du dehors de l'air ou de la lumière, elle peut affecter des formes très diverses, depuis celle du cercle entier jusqu'à la disposition soit verticale, soit horizontale la plus effilée. Mais cette variété se trouvera restreinte par la nécessité d'un seuil sur lequel on doive marcher lorsqu'il s'agira d'une baie destinée à servir de passage. Elle le sera de plus par les exigences de la construction des portes et des fenêtres à employer comme moyens de clore habituellement l'ouverture. Le nombre des formes différentes qui auront à se produire simultanément sur la même face d'un édifice sera de un, trois, cinq ou sept... Quelque dissemblables que soient les ouvertures déterminées par des destinations différentes, celles des formes auxquelles il incombera de remplir un rôle moyen devront, sous tous les rapports, accomplir harmoniquement cette fonction.

Lorsque des fenêtres sont destinées à occuper une grande surface, il est d'un usage assez commun de subdiviser celle-ci par des compartiments qui n'altèrent pas la forme générale de l'ouverture. Si ces mêmes éléments de subdivision se reproduisent ailleurs sur la face de l'édifice, leur rôle s'étend et doit être mis en jeu avec toutes les autres parties similaires du tableau général. Ainsi, dans un même étage où déjà se montrerait un ordre architectonique formulé par une colonne, si une seconde colonne, d'une dimension différente, est employée comme élément de subdivision d'une ouverture, le jeu s'établit entre les deux rivales. Dès lors elles ne devraient plus être au nombre de deux seulement, mais de trois, ou de cinq..., ainsi que nous l'avons dit précédemment (¹).

La plus grande baie praticable dans un étage est celle qui forme le vide entre les colonnes d'un portique. Sa largeur est déterminée par les convenances de solidité de la plate-bande qui couronne l'Ordre.

Les moulures.

Une moulure se présente rarement seule. Comme les groupes de cette nature ont le privilége d'être les moyens de décoration les plus apparents, il convient de les soumettre au principe de la variété :

Elle doit exister, en premier lieu, d'un groupe à l'autre. Chacun d'eux aura son caractère propre sans cesser d'être de

---

(¹) Voir *Ordre multiple.*

la même famille que ses congénères de l'œuvre; car les mêmes formes, dans les mêmes dimensions, doivent se reproduire pour les cas identiques, le maintien du rhythme étant surtout nécessaire au milieu des écarts les plus considérables;

On tiendra compte, en deuxième lieu, des cas de variété propres au groupe lui-même, et qui vont être décrits.

Variété dans les dimensions. — Le membre de moulure auquel on peut attribuer le rôle le plus utile jouira d'un volume exceptionnel relativement aux pièces les moins importantes. Plus ces dernières auront une dimension réduite, plus elles feront ressortir la principale. Il n'y aura de limite à leur ténuité que dans la nécessité pour elles d'être facilement saisies par l'œil à la distance habituelle du spectateur. De la plus grande à la plus petite moulure il y aura place pour les dimensions intermédiaires. Puis des sous-groupes seront peut-être opportuns, les uns comme supports, les autres comme simples couronnements de la pièce capitale. Chacun des sous-groupes sera traité de la même manière que celle-ci et d'après ce même principe : grand, petit, intermédiaires; contraste partout sous la règle des lois harmoniques.

Variété dans les formes. — Il convient d'établir d'abord la forme générale au moyen des sous-groupes. Quant à la diversité dans chaque moulure, elle se réduit aux effets du plan, du convexe et du concave. Mais ces derniers, selon la destination du membre de moulure, devront affecter ou plus ou moins de hauteur relativement à leur saillie. Jamais il n'arrivera qu'ils puissent être traduits par un arc de cercle tracé au compas. Quelquefois ils répondront à un fragment d'*ellipse* ou de *développante de cercle*. Le plus souvent la courbe devra être tracée par une main fidèle à une pensée directrice. On atteindra la variété de ce dessin avec d'autant moins de peine que l'on aura mieux su se passer du secours des instruments graphiques.

Dans la même œuvre, l'emploi des formes aiguës ne sera libre qu'en dehors du contact de l'homme. Tout ce qui s'applique à un usage manuel doit affecter les contours les plus doux au toucher. La variété pour les moulures d'un meuble sera constamment étudiée à ce point de vue.

Variété dans la lumière. — Le plus puissant effet de lumière que comporte un groupe de moulures résulte de la coexistence, au grand soleil, d'une partie principale plane et verticale, éclairée, d'un support dans l'ombre, et d'un couronnement en pénombre. La partie plane peut impunément saillir hors de la ligne verticale, dans sa partie inférieure, puisque le résultat sera d'augmenter encore le plus souvent la quantité de la lumière sur ce point. Il n'en serait pas de même d'une pente dans l'autre sens.

Entre la face plane et son couronnement, l'architecte place, d'habitude, un filet également plan, mais très étroit, et destiné d'une part à recevoir une ligne de vive lumière, d'autre part à jeter en dessous une ombre courte, ferme et très mince qui, par contraste, fasse ressortir l'éclat de la grande moulure lumineuse. Au-dessus de la partie éclairée du filet commence la masse de la pénombre. On l'obtient le plus fréquemment au moyen d'une courbe très peu prononcée, et qui pourrait être remplacée par un plan incliné, si déjà cette dernière forme n'avait pas été employée plus bas. La courbe doit être penchée de manière à n'être ni éclairée, ni dans l'ombre dans aucune de ses parties, et quelle que soit la disposition adoptée pour elle. Comme par sa nature la pénombre manque de relief et conséquemment de la qualité nécessaire pour former seule un bord qui apparaisse net, il est d'usage d'établir au-dessus de la courbe une facette plane moyennement étroite, mais très éclairée. Nonobstant le nombre plus ou moins considérable de membres de moulures que l'on veuille introduire dans le couronnement de la grande face plane lumineuse, il doit ressortir de tout ce qui la surmonte le sentiment unique d'une moyenne en pénombre.

Sous la grande face lumineuse se trouve l'ombre. Elle embrasse l'épaisseur du sous-groupe qui sert de support et à à la face lumineuse et au couronnement de celle-ci. L'appui

peut être moins épais que la partie supportée; il ne peut jamais
être moins considérable que le simple couronnement de cet
objet. L'ombre occupera donc dans le groupe plus de place
que la pénombre; ce qui accroît d'autant le relief de la lumière.

Mais l'obscurité produite par la saillie de la face éclairée
sur les moulures du support n'est que relative; des reflets
arrivent sur ce point de tous les objets lumineux qu'il perçoit.
L'architecte a donc à étudier la variété de l'éclairage des moulures dans l'ombre de la même manière que s'il s'agissait
d'une partie plus exposée au grand jour.

Variété dans l'ornementation. — La partie du groupe de
moulures qu'il sera le plus avantageux d'orner, c'est la plus
sombre. On a presque toujours employé à cet effet, pour décorer
les corniches, des consoles, des modillons, et d'autres inven-
tions de ce genre destinées à former au devant de l'ombre une
suite de points lumineux qui animent le sous-groupe obscur
sans en changer le caractère. D'autres fois un ornement, entièrement couvert d'ombre, aura, au lieu d'un point lumineux
qui le fasse ressortir, des trous noirs disposés pour produire,
par une voie différente, un effet analogue.

On n'ornerait pas la face plane lumineuse d'une corniche
sans en amoindrir la valeur. Cette décoration la réduirait, pour
l'œil, de dimension, d'éclat, et du relief d'aspect dont jouit
une face unie et claire dans un cadre chargé de petites ombres.
L'exception n'est donc possible qu'autant que l'on entendrait
subordonner la face plane elle-même à quelque ornement hors
ligne, reproduit sur elle à d'assez longs intervalles pour ne pas
convertir en pénombre la bande lumineuse à laquelle il se
trouve attaché.

L'ornementation de la pénombre est soumise à des conditions analogues. Elle ne doit pas présenter une quantité de
points lumineux assez considérable pour amoindrir l'éclat
relatif de la bande lumineuse supérieure, ni une série de noirs
assez continue pour effacer le caractère de la pénombre.

Indépendamment des effets de lumière et de forme qu'il

comporte par lui-même, l'ornement architectonique doit toujours éveiller une idée. Une série d'ornements sera un livre ouvert. Mais le choix des sujets est l'occasion d'une étude qui dépassera le plus souvent les forces des auteurs de l'œuvre. Aussi voit-on, dans chaque pays et presque à chaque époque, certains détails d'ornementation devenir d'un usage banal, et dispenser ainsi l'architecte d'un travail plus difficile.

Il est rare que l'œuvre ne comporte pas un sujet d'ornementation capital. Loin de rester subordonnée à la forme des moulures, la pièce qui constitue le sujet doit alors, au contraire, ressortir de leur rhythme par un contraste approprié à l'unité de l'ensemble.

Les combles.

Tout édifice, en quelque lieu de la terre qu'on l'ait placé, a besoin d'être abrité contre les pluies ou le soleil, souvent contre tous les deux à la fois. Parmi les monstruosités qu'engendrent de faux besoins unis à l'empire de la mode, on voit les combles cesser d'être uniquement des abris et se transformer tantôt en maisons superposées à des maisons, tantôt en simples terrasses.

Or, il convient que, sur les habitations, le comble soit en pente pour donner à l'eau des pluies un écoulement facile, qu'il déborde les façades pour étendre sur celles-ci son abri desséchant.

Afin que la saillie du comble sur la façade laisse parvenir aux fenêtres beaucoup de lumière, il faudra, d'un autre côté, que les versants des toits s'abaissent peu sur elles, et conséquemment soient peu rapides. L'architecte leur donne alors une pente qui forme avec l'horizon soit un cinquième, soit un quart d'angle droit, soit même moins, soit au contraire davantage si la défectuosité des matériaux l'exige, mais dans ce dernier cas avec un succès de plus en plus restreint.

Si la saillie la plus considérable est par elle-même la plus utile contre les pluies et contre le soleil d'été à midi, dans les pays tels que les nôtres, il est bon de ne rien perdre, au contraire, de la chaleur du soleil durant la saison froide. La disposition du comble en avant d'une fenêtre devra donc être telle qu'elle protége celle-ci contre le soleil d'été, et la laisse entièrement éclairée durant l'hiver. En résumé, le toit saillira plus ou moins selon le climat et la destination du bâtiment couvert.

Quant aux proportions habituelles du comble, quelle que soit la hauteur par rapport à la largeur de celui-ci, et quelque distinct qu'il puisse se montrer par sa forme et par l'aspect de ses matériaux, elles doivent satisfaire encore aux exigences de la façade de l'édifice. Mais il ne faut pas oublier alors que les combles à pentes douces se dérobent en grande partie, et quelquefois entièrement, à l'œil du spectateur, par un simple effet de perspective.

Lorsque le comble, sans perdre son rôle d'abri pour l'édifice inférieur, couvre, en outre, une mâture destinée à porter très haut dans les airs quelque objet, la pente presque verticale des versants leur donne une importance telle que la toiture doit être considérée entièrement comme une partie intégrante de l'Ordre architectonique, et non plus comme un dérivé.

Il en sera de même toutes les fois que, à tort ou à raison, les versants du comble auront une pente rapide.

Si le comble est remplacé par une simple terrasse, on accusera clairement cette destination soit par un garde-corps, soit par une autre disposition équivalente.

La nature de la corniche d'une façade dépend beaucoup de la manière dont l'édifice a été couvert. Elle remplit souvent l'office d'une saillie de comble et doit être traitée de même sous ce rapport.

La nécessité d'armer du haut en bas l'extérieur d'une maison contre les pluies, exige que le caractère de comble soit donné à toutes les parties saillantes d'une façade, que chacune d'elles soit disposée pour déverser l'eau facilement et triompher en quelque sorte de ce péril. Les moyens employés habilement dans ce but contribueront à la décoration générale.

Echelle de l'œuvre.

Toute œuvre devant être exactement appropriée à sa destination, sa mesure est déterminée par celle des êtres qui en feront usage.

L'homme prend naturellement pour terme de comparaison la stature dont il est doué. Une œuvre n'aura pour son imagination que la mesure accusée à ses yeux par une image humaine, ou par une chose qui soit subordonnée à celle-ci. A la vue d'un édifice, il en jugera invariablement les dimensions par celle des objets disposés pour lui.

C'est la hauteur d'appui, garde-corps ou balustrade, qui est l'Echelle ordinaire dans la presque généralité des cas. C'est elle que l'architecte doit fixer d'abord.

La hauteur d'appui doit être telle que la vue d'un corps humain debout contre elle ne fasse pas naître l'idée d'une chute possible par dessus l'obstacle. Cette crainte, fondée sur un sentiment d'équilibre, cesse dès que la stature de l'homme dépasse de moitié de sa hauteur celle de l'appui. Comme la commodité de cette pièce, pour s'y accouder, résulte en même temps d'une certaine mesure qui satisfait suffisamment à la condition de sûreté, la pratique donne à l'*appui* une hauteur égale aux sept douzièmes de la stature humaine. L'Echelle sera donc variable suivant la race de la contrée, et selon qu'elle s'appliquera soit à des maisons où la protection est due avant tout à la mère de famille et à la femme, soit à des circonstances où la crainte s'éveillerait pour l'homme lui-même.

En termes de notre pays, la hauteur d'environ quatre-vingt-cinq centimètres donnée à un *appui* imprimera donc à l'édifice un caractère de grâce féminine; celle de plus d'un mètre n'éveillera que l'idée d'une nécessité satisfaite.

Le choix de l'une ou de l'autre mesure grandira pour l'œil ou réduira les dimensions apparentes de l'édifice. Celui-ci semblera plus petit que la réalité quand ses hauteurs d'appui dépasseront les mesures normales.

On a souvent introduit l'emploi simultané de trois Echelles différentes dans les proportions d'un édifice : la moyenne, laquelle est conforme à la réalité, une plus grande destinée à produire du gigantesque, enfin la plus petite dont le rôle devient nécessaire alors pour rétablir l'équilibre dans l'ensemble au profit du vrai.

Les édifices publics devant répondre à un être collectif auquel l'idée première attribue un volume plus considérable qu'à l'individu, seront fréquemment constitués dans le système d'une triple Echelle. On y verra donc des ouvertures soit de portes, soit de fenêtres d'une dimension supérieure à ce qui serait nécessaire pour l'individu. Mais le prestige de cette grandeur ne subsiste que par le maintien des hauteurs d'appui à la mesure vraie.

Dans les arcs antiques de l'empire romain, les images avaient un rôle très important. Quelques-unes étaient colossales. Conformément à la règle qui vient d'être exposée, il fallut donc employer trois Echelles pour les figures : celle des colosses, celle du vrai, celle du réduit.

Le jeu simultané de trois Echelles dans une même œuvre exige l'application exacte des lois harmoniques, et le rôle de tonique (ut) pour la Moyenne.

Un monument privé d'Echelle n'aurait pas de mesure pour le spectateur. Quelle que soit alors la dimension réelle d'un colosse isolé, son aspect ne réussira jamais à produire un effet proportionné à sa taille. Le résultat unique d'une pareille création sera de rapetisser, pour l'œil, tout le voisinage.

Si la hauteur d'appui, en l'absence d'une statue d'homme, est la partie de l'édifice qui sert le plus directement d'Echelle, cet office est partagé, non sans un certain succès, par des bancs ou des objets destinés à servir de siéges, et dont la hauteur connue correspond à la moitié de ce qui serait nécessaire pour qu'une femme s'accoudât commodément. Il est partagé encore, quoique à un degré beaucoup moindre, par la vue des marches d'escalier, celles-ci calculées au tiers de l'épaisseur du siége.

Expression de l'œuvre.

D'un ensemble dont tous les détails ont été appropriés vers un but résulte une certaine animation de l'œuvre, son expression. L'édifice, dans son immobilité, imprimera toujours au dehors un même ordre de sentiments; mais, suivant le mode dans lequel il aura été conçu, il sera joyeux ou triste, menaçant ou affable, religieux ou profane. Une maison bien entendue portera le caractère de famille; elle exprimera le concert de la vie domestique, les coutumes intérieures et leur expansion au dehors.

L'architecte obtiendra ces résultats en n'oubliant jamais que chaque disposition, chaque forme, chaque apparition de couleur, chacun des matériaux mis en évidence éveille une idée, et la résultante de ces idées l'expression de l'ensemble.

Sculpture.

Les procédés de la sculpture ne diffèrent de ceux de l'architecture qu'en ce qui concerne l'art d'imitation propre à la première; et, sous ce rapport, ils se réduiraient à un simple moulage s'il arrivait que le sujet se trouvât toujours disposé pour être saisi de la sorte. Or, ce cas exceptionnel est, au contraire, rarement applicable. En général, l'œuvre de sculpture demande une composition.

Tantôt cette composition s'applique à décorer les œuvres architectoniques; tantôt son produit constitue à lui seul le monument. Le plus souvent elle enrichit ce qui sera meuble; elle crée des objets d'art.

Les produits de la sculpture diffèrent entre eux selon la nature très diverse des matériaux employés, et surtout selon le genre de perfection que ceux-ci comportent dans la pratique. L'artiste ne doit jamais chercher à obtenir de l'un d'eux ce qui est mieux dans la nature d'un autre.

Si l'œuvre se rattache à un édifice, elle doit en subir les lois et ne s'écarter de celle-ci sur aucun point, sous peine d'un échec commun. Le plan architectonique doit gouverner les dimensions, la disposition et le sens de l'objet sculpté.

Il en sera de même si l'œuvre est destinée à devenir elle-même un monument. Elle sera traitée tout d'abord comme un travail d'architecture.

Une statue, à ce titre, doit être emplantée au milieu des lignes verticales et horizontales de l'architecture. Si cet appui lui manque, elle perd le caractère de monument et n'est plus qu'un meuble prêt à changer de place.

Quand une statue doit être isolée d'un édifice, elle peut retrouver le sentiment de l'appui des lignes verticales dans un massif de grands arbres; mais l'œil devra toujours rencontrer sous elle un horizon plan, ou symétriquement équilibré, et qui domine, par son étendue, l'influence des pentes plus ou moins inégales de la contrée.

L'usage s'est assez généralement établi d'élever la statue sur un piédestal, lequel n'est autre chose qu'une hauteur d'appui. Si cette dernière a été taillée suivant les dimensions normales qu'exige la stature humaine, l'image paraîtra ou grande ou petite, selon qu'elle aura réellement l'une ou l'autre de ces qualités (¹). Si la hauteur d'appui dépasse les limites que lui impose le vrai, la statue perd le bénéfice des proportions surhumaines dont l'artiste a voulu la doter.

Le même inconvénient se présenterait si le piédestal était uniquement composé soit d'une marche, ou plinthe, qui aurait trop de hauteur, soit d'un objet ayant le caractère d'un siége et qui serait trop élevé.

Un piédestal destiné à élever beaucoup une statue devra, autant que possible, se composer : en premier lieu d'une base à laquelle incombe la condition d'être large selon le besoin, et qui peut être formée de plusieurs éléments variés placés les uns sur les autres de manière à produire un socle; en second lieu, d'une hauteur d'appui de dimension vraie, échelle du

(¹) Voyez **Echelle de l'œuvre**.

monument; en troisième lieu, d'une triple plinthe ou d'autres détails destinés à exhausser encore le personnage.

Il est arrivé que des artistes ayant senti l'influence de l'Echelle sur les dimensions apparentes de la statue, ont poussé plus loin la pratique du procédé. Ils ont rendu la statue colossale par elle-même, quelle que fût sa hauteur réelle. L'artifice employé est celui-ci :

Dirigée vers une image humaine, l'attention du spectateur se porte tout d'abord sur la tête, puis sur le masque de la figure, la bouche, les yeux, les narines, le front, enfin sur les mains, les pieds et les jointures des grands ossements, d'où se dessinent les mouvements du corps. Le statuaire expérimenté se fera donc une sorte d'Echelle des dimensions de cette tête, laquelle est la chose la plus apparente, mais il les rendra petites autant qu'elles puissent jamais l'avoir été même dans les proportions des hommes doués de la plus haute taille ; on a vu l'artiste excéder encore parfois cette réduction.

Après cette première opération, dont le résultat aura été d'allonger démesurément la stature, celle-ci en subit une seconde qui lui donnera de l'ampleur. Toutes les parties du corps qui viennent d'être nommées seront à leur tour réduites dans leur grosseur, tandis que les muscles recevront, au, contraire, un accroissement de puissance.

Pour peu qu'une troisième fraude diminue, d'un autre côté, l'épaisseur de la *hauteur d'appui* dans le piédestal, et en même temps celles des plinthes ou des marches, on obtiendra ainsi cet effet que des spectateurs peu initiés à la connaissance de cet artifice ont appelé *grandiose,* l'analogue, de ce qui, ailleurs, est déclaré *sublime* et qui provient toujours de ce genre d'exagération : réduction de l'un pour enfler l'autre.

Le contrepoids à ce défaut se trouve dans le penchant naturel de l'homme à se prendre lui-même pour modèle. Or, comme la beauté humaine propre à chaque race n'existe que dans la moyenne idéale du type, moyenne dont tous les individus s'éloignent quelque peu, il arrivera le plus souvent que le statuaire s'efforcera involontairement d'apporter dans les proportions de ses œuvres ce qu'il aura aimé dans sa nature personnelle. De là ces images de nains produites par la grosseur trop considérable de la tête, de niais par l'étendue exagérée du visage relativement au crâne, de lourdauds par l'épaisseur des articulations.

Mais que le statuaire ne l'oublie point. L'homme aime mieux être grand que petit, intelligent que brut, fort que faible; il aimera que ces qualités se retrouvent dans les images mises sous ses yeux et dont les rhythmes doivent agir sur son imagination. Libre de préjugés trompeurs, l'artiste a donc l'obligation de produire ce qui plaît à tous et en tous temps, le beau issu du vrai, le vrai cherché dans la moyenne des types. Quant à la mesure de ce modèle idéal, elle devra ne dévier de la correction absolue que dans le sens demandé par le caractère particulier du sujet.

Toute imitation d'un être animal, végétal, ou minéral, doit être traitée avec le même désir de vérité.

Si le sculpteur, poursuivant cette voie, craint de pencher néanmoins de côté dans sa marche, que l'erreur se fasse dans le sens du *grandiose* toujours sûr de plaire d'abord, plutôt que du côté rebutant d'où l'attention s'éloignerait.

Que dans la représentation de l'homme il apporte le fini le plus considérable sur le masque de la figure, les extrémités du corps et les articulations, puisque leur rôle est le plus important. Qu'un soin un peu moindre soit appliqué aux muscles mis en évidence par la nature du sujet. Que les autres soient traités de manière à n'appeler l'attention ni par le négligé de l'œuvre, ni par le fini; qu'ils restent neutres.

Le sculpteur doit avoir étudié l'anatomie, afin de savoir comment, sous l'enveloppe extérieure, se comportent, les uns par rapport aux autres, les muscles et les autres parties dont le relief apparaît au dehors; mais, à moins qu'il ne traite un sujet dont la spécialité l'excuse, il doit effacer avec le plus grand soin la trace de ses préoccupations de ce genre, celles-ci

10

pouvant détourner l'attention du spectateur au détriment du but de l'œuvre.

C'est sous l'empire de cette règle indispensable de prudence qu'il indiquera : par le genre d'intersection de deux courbes, comment un muscle passe sous un autre ; par l'ampleur et même par la sphéricité des chairs la proportion dans laquelle chacune des parties est destinée à renfermer plus ou moins les liquides ; enfin par des lignes cylindriques le réseau extérieur des canaux sanguins.

Autant les ongles offriront de facilité matérielle à l'exécution plastique, autant la représentation des cheveux et de tout ce qui constitue la pilosité du corps rencontrera peu de ressources du même genre. Il est vrai que le rôle de ces choses est habituellement très secondaire, et qu'au moyen de leurs masses mobiles bien étudiées, la chevelure et ses congénères peuvent non-seulement ne pas nuire à l'œuvre, mais coopérer au succès.

Le nu de la statue étant fait, il reste au sculpteur à en revêtir la surface d'une apparence naturelle. Il y parviendra dans une limite très appréciable en distribuant sur le tout un degré de poli ou de rugosité proportionné au caractère de chaque partie. Ce soin dispense de l'obligation de peindre l'œuvre.

L'intervention des draperies et des vêtements sera d'un grand secours pour le statuaire, lorsqu'il s'agira d'appeler fortement les regards sur la face du personnage représenté. Car ces objets peuvent être choisis parmi ceux qui comporteront une extrême subdivision de plis et de détails plus minces que les parties principales du visage humain. Ces dernières pourront donc prévaloir alors même par l'étendue et l'éclat des surfaces.

Par le même procédé de la multiplication des détails dans les choses accessoires, l'artiste fera ressortir toute autre partie du corps de la statue, à la condition que ces détails se neutraliseront les uns les autres au profit du *point* à mettre en vue.

Le statuaire groupera, d'après le même principe, tous les objets qui devront accompagner l'œuvre.

L'art pratique de la statuaire distingue deux modes, celui de la ronde-bosse et celui du bas-relief : le premier, où le sujet, franc de toute part, se soutient par lui-même; le second qui consiste en un tableau sculpté sur un fond.

Le sujet, en ronde-bosse, est toujours simple dans sa composition et n'admet pas impunément le groupement de plusieurs figures. Il n'en est pas de même du bas-relief qui non-seulement reçoit autant de personnages que sa page a plus ou moins d'étendue, mais qui peut les distribuer, au gré de l'artiste, soit sur un seul plan, soit sur trois ou cinq. Chacun d'eux est le maximum de saillie réservé aux groupes de premier, de second ou de troisième ordre, le tout conformément aux lois de la perspective. De l'un à l'autre plan sont des parties intermédiaires qui se dirigent en décroissant de saillie vers le fond. Celui-ci est le dernier de tous. De simples traits peuvent y dessiner des parties qui sembleront nulles par leur peu de relief, mais qui, par contraste, donneront aux plus grandes saillies une importance impossible autrement. Le bord du trait, du côté de l'objet à contourner, sera toujours perpendiculaire au fond, sinon en biais comme pour passer derrière la chose représentée. En effet, il faut que le fond matériel reste distinct du sujet et qu'entre eux l'imagination circule librement.

La saillie apparente d'un bas-relief dépendra donc plus encore des dispositions prises par l'artiste pour isoler son sujet du fond, et proportionner les plans, que de l'épaisseur réelle de la matière.

Tout ce qui vient d'être dit de la sculpture la suppose isochrome, la question des couleurs étant absolument réservée pour être examinée à part.

Peinture.

Partout où pénètre la lumière, le rôle de la couleur commence. Il n'y a donc pas d'objet qui, sous ce rapport, n'intéresse l'art de la peinture. On a vu quels sont les rapports harmoniques des couleurs. Il s'agit de déterminer maintenant quel emploi leur sera donné dans les œuvres architectoniques.

Coloration des édifices. — Le blanc ne peut déplaire dans aucun des milieux où les maisons s'en montreront revêtues.

Sur un fond perpétuel de verdure fourni par la végétation, le jeu de couleur le plus habituel est celui du blanc avec ou sans parties grises, à côté d'accessoires affectant le jaune foncé ou le brun. Lorsque le feuillage, comme celui des sapins, manque de variété, les accessoires de la maison peuvent avec succès se colorer soit de rouge, soit de violet et de ponceau.

Dans les contrées où la neige occupe le sol durant la moitié de l'année, sous un ciel de brouillards et de nuages (¹), la maison doit être habillée des plus vives couleurs et notamment de celles qui manquent alors aux regards, telles que l'orangé et l'azur. On pourra même y employer, si la nature et la richesse de l'habitation le comportent, soit les trois tons jaune, azur, rouge, soit le jaune, le vert-bleu, le violet et le ponceau, soit d'autres associations harmoniques.

Dans les contrées grecques méridionales où le bleu du ciel semble inaltérable pendant une longue saison, l'artiste aimait autrefois à peindre les murs des temples en ponceau derrière les colonnes de marbre blanc.

Rien ne peut égaler, dans un désert sans arbres et sans nuages, l'éclat de la brique rouge, d'un peu de vert, et du blanc.

Les pays tempérés, où règne la race humaine blanche à côté de la vigne et du pommier, ne comportent pas des maisons aussi brillantes par leurs couleurs. Là, l'objet de toutes les

---

(¹) (L'Islande)... aux maisons peintes de couleurs splendides.
(Argonautique).

aspirations est la maison dans le jardin, le jardin continuant au dehors la vie de l'intérieur. On y estime les murailles aux tons presque neutres, surtout si les matériaux sont pourvus, dans leurs cassures, comme les porphyres, les granits et les roches dures, soit calcaires, soit siliceuses, du miroitement propre aux marbres. Puis on y attend, pour peintre et décorateur, la famille nombreuse des arbres, des arbustes et des plantes de toute taille, les uns et les autres si variés dans leurs mille couleurs durant l'époque de la végétation, la plupart si beaux par leurs ramures durant le sommeil hibernal. Il n'est pas jusqu'à certains mortiers qui, devenus vieux et moussus, ne réussissent alors à fournir un fond convenable à l'aspect de la végétation.

Les matériaux de maçonnerie tendres, et dépourvus du luisant marmoréen, sont ternes dès le début et noircissent en vieillissant. C'est au désir de propreté, et non au sentiment de la décoration, que l'on doit l'usage de les blanchir périodiquement.

Lorsqu'une couleur destinée à être appliquée sur des murailles doit devenir beaucoup plus foncée à l'état mouillé que dans les moments où elle sera sèche, il y aura toujours à tenir compte de cette circonstance; or, le blanc et les couleurs très claires changent peu d'intensité de ton sous le vernis de la pluie. Les matières préparées à l'huile, à la cire, à la térébenthine ou avec d'autres ingrédients impénétrables à l'eau, conservent, au contraire, leurs tons les plus foncés sans grande altération à l'état sec. Il faudra donc user soit des tons clairs, soit des tons foncés à l'extérieur des édifices, selon les facultés plus ou moins hygrométriques de la matière.

Mais il ne suffit pas d'un changement de contrée pour motiver tel ou tel emploi des couleurs dans les édifices. En ceci, comme en tout, le détail doit être subordonné à l'idée qui anime l'œuvre. Il arrivera ainsi que le choix des couleurs sera dicté le plus souvent par le sentiment de richesse attaché à telle ou telle matière comparativement à d'autres. Il arrivera encore que l'emploi des couleurs sera uniquement restreint au désir d'étaler tantôt celles des étendards de la nation, tantôt celles de la famille. Dans ces cas particuliers, l'architecte aura soin de corriger la fausseté probable des tons choisis par l'emploi d'un ton général convenable pour rétablir l'harmonie.

Le plus grand obstacle à la coloration extérieure des maisons consiste dans la difficulté de composer le chant chromatique avec des notes justes, puis dans l'impéritie habituelle des exécutants. Les résultats les plus satisfaisants ont été obtenus cependant avec des marbres dont l'exactitude relative des tons n'était jamais complète, mais que l'on avait soin d'interrompre fréquemment avec des lignes de blanc et de noir, en faisant naître à la fois les contrastes et de la différence des couleurs et de celle des intensités de lumière.

On s'est plus souvent borné à placer, sur le fond isochrome donné aux façades, des panneaux et des parties saillantes en marbres franchement plus foncés ou plus clairs que lui.

Enfin, il a été de mode chez certains peuples de revêtir les façades des monuments de bandes horizontales alternatives en marbres blanc et noir. On tirera souvent quelque avantage à faire ainsi succéder les unes aux autres des assises de pierres de couleurs différentes, en ayant soin d'observer pour leurs hauteurs relatives les nombres harmoniques.

Coloration des intérieurs d'édifices. — L'intérieur d'un édifice n'étant pas, comme l'extérieur, soumis à la condition de se trouver en harmonie avec les couleurs du ciel et des objets de la terre environnante, devra sa décoration chromatique à une pensée plus libre dans le choix des moyens. L'architecte tiendra compte, dans cette circonstance, de deux observations. La première consiste dans la faculté donnée à l'œil de l'homme d'élargir sa pupille sous l'effet de l'ombre, au point de voir mieux dans une demi-lumière qu'à l'éclat du soleil. On peut donc employer dans un intérieur des couleurs très foncées sans y détruire la vue des objets.

La seconde, au contraire, a pour base ce principe, que le

sentiment de la lumière est donné à l'esprit par la vivacité du
contraste perçu entre ce qui est blanc et ce qui est noir. On
parvient ainsi à dissimuler l'obscurité réelle d'un intérieur en
opposant des points très foncés à des masses très claires.

La décoration des intérieurs comporte donc toutes les couleurs et toutes les intensités de tons, pourvu qu'elles soient
réparties à propos et conformément à la destination des salles.

Peinture d'imitation.

A côté de la couleur purement décorative vient se ranger la
peinture d'imitation dont la puissance sur l'imagination est
très considérable en raison de la variété des sujets qu'elle peut
traiter et de l'apparence de vérité qu'elle leur imprime. Néanmoins, les procédés dont l'artiste dispose sont tous incomplets,
depuis le simple tracé de la ligne profilant un contour jusqu'à
l'usage de la peinture à l'huile des temps modernes.

Cette ligne présente par elle-même à l'œil une largeur et
un état de choses qui n'existent pas dans la réalité; elle est
simplement un moyen graphique de rappeler la forme extérieure d'un objet toujours doué d'une couleur distinctive.
Néanmoins, les lignes de même nature, groupées ensemble
et dont aucune n'appellera l'attention, produisent par ce fait
des teintes et peuvent dès lors représenter le contour, le relief
et l'ombre de l'objet, enfin la valeur en clair et en foncé de
chacune de ses diverses couleurs. Le tracé de la ligne de
contour devient ainsi presque superflu.

La formation d'une teinte plus ou moins foncée, au moyen
d'un groupe de lignes, est le procédé employé particulièrement
par la gravure.

La manière la plus complète de représenter un objet, lors
même que l'on n'aurait à sa disposition qu'une matière mono-
chrome, est de figurer les couleurs par une première série de
teintes plus ou moins foncées, puis de reproduire les clairs et
les ombres par une seconde série de teintes également diverses
d'intensité de tons. Mais soit que le procédé doive se borner à

l'emploi d'une seule teinte, soit que l'artiste doive opérer avec des couleurs, l'entreprise de l'œuvre reste encore subordonnée à la connaissance des voies simultanées par lesquelles les images naturelles destinées à être imitées parviennent à l'œil et à l'esprit.

Perspective. — La première de ces voies est celle qui consiste dans la diminution proportionnelle de grandeur des objets par leur distance de l'œil, et la suppression d'aspect des uns derrière les autres.

La ligne de contour d'un objet dessine donc au spectateur le passage de ce qui est vu à ce qui ne l'est point. Pour ne pas laisser échapper le sens d'un profil, l'artiste devrait prolonger d'abord les lignes de contour jusque dans la région qui n'est pas aperçue, sauf à effacer ensuite ces dernières de son dessin.

Le simple procédé de la diminution de grandeur des objets par l'éloignement est plus facile à enseigner. L'artiste doit se familiariser avec l'étude de la perspective dès sa première jeunesse; car le succès de tous ses travaux ultérieurs sera fatalement limité par son impuissance sous ce premier rapport.

Ombre. — Le côté par où l'objet reçoit la lumière est contigu à celui qui en est privé suivant une espèce de ligne de démarcation le plus souvent à l'état de pénombre. Le tracé de cette ligne, plus ou moins nette, dessine à l'œil le relief de l'objet; mal opéré, il déforme ce dernier.

Sur des courbures continues, la pénombre s'élargit beaucoup et présente ce que l'on appelle une dégradation de tons, c'est-à-dire le passage presque insensible, quoique réel, du clair à l'ombre.

Deux faces planes, l'une en pleine lumière, l'autre dans l'obscurité, ne donnent pas lieu à la pénombre; mais si elles sont contiguës, l'œil cherche entre elles cette ligne, signe de l'unité de l'objet.

Ombre portée. — Un objet qui intercepte la lumière projette en quelque sorte derrière lui l'ombre produite par ce phénomène. La forme de cette *ombre portée* est toujours la reproduction exacte du pourtour de la partie éclairée et dessine celle-ci sur les objets qu'elle atteint. Mais en même temps elle trahit le relief de ces derniers et quelquefois l'accuse rigoureusement. Tel est le cas d'un bâton droit adossé à un mur et éclairé un peu de côté. Son ombre portée dessinera exactement la position relative du sol et de la muraille, ainsi que les courbures ou les inégalités de l'un et de l'autre.

La manière de représenter et même d'établir des *ombres portées* est donc pour l'artiste un puissant moyen de produire des reliefs.

Sous l'action du soleil, et en raison de la largeur de son image, l'ombre portée à une courte distance aura un bord très net. Celui-ci se transformera, au contraire, en pénombre si la distance devient plus longue, et en pénombre aux angles arrondis par l'effet du disque solaire si l'éloignement s'accroît encore. Cette déformation sera d'autant plus prompte que les corps produisant l'ombre seront moins étendus en diamètre. Par sa hauteur au-dessus du sol et par sa nature diaphane, le nuage porte au loin des ombres dont le bord est insaisissable.

L'ombre portée dira donc par ses contours la forme de l'objet dont elle provient, celle de l'objet obscurci, les dispositions relatives et la distance de l'un à l'autre.

Reflet. — Lorsqu'un objet est frappé par la lumière, il en renvoie une partie. Les rayons ainsi rejetés vont atteindre tout ce qui se trouve sous leur angle de réflexion. L'effet de cet éclairage secondaire se manifeste principalement sur les parties obscures des corps et les empêche de devenir jamais absolument noires. Il n'existe guère d'ombre sans reflets, parce qu'à une distance plus ou moins grande il y aura toujours quelques points recevant et renvoyant du jour.

L'œil du spectateur reconnaît le poli de la surface d'un corps au luisant du point d'où jaillit le rayon reflété, la rugosité de l'objet à l'étendue et au mat de sa partie la plus éclairée, sa pilosité à la direction de l'éclat, lequel dépend alors, non de la forme de la masse vue, mais de l'ensemble des brillants produits par chacun des brins dont celle-ci se trouve hérissée.

Il verra le plus fort luisant d'une nappe d'eau entre le soleil et lui, le principal reflet de l'herbe d'un pré du côté exactement opposé.

Nonobstant cette dernière observation, il convient néanmoins de ne pas oublier un principe constant, c'est que toute surface, même peu unie, mais qui fuit, reste pour les teintes plus éloignées une sorte de miroir, surtout si elle se trouve dans l'ombre.

L'artiste tiendra donc compte à la fois : du reflet direct de l'objet ou de son luisant par rapport à l'œil du spectateur; puis de la lumière projetée par réflexion sur la partie obscure d'un corps. En se conformant à ces règles, il animera, dans le premier cas, les parties lumineuses, dans le second les ombres de son œuvre.

Couleur. — L'emploi de la couleur dans la peinture d'imitation semble tout d'abord devoir être rebelle aux lois harmoniques. Il n'en est point ainsi, en premier lieu parce que les images naturelles à imiter n'offrent jamais des fautes chromatiques ; en second lieu parce que le devoir de l'artiste est de choisir parmi les sujets à traiter ceux qui comportent des harmonies de couleurs saisissantes, de séparer soigneusement les groupes par des teintes neutres, et de n'introduire dans chacun que des notes justes.

Vus à la distance où l'œil ne les distingue plus individuellement, les détails groupés en grandes masses présentent un ensemble parfaitement gris si les objets sont doués les uns et les autres de couleurs différentes, gris teinté d'un ton particulier si une seule de celles-ci domine. En somme, le lointain, abstraction faite de l'interposition de l'air, est d'une teinte neutre; il est ou blanc, ou gris, ou noir.

Une masse lointaine ne revêt pas l'apparence grise seulement, parce que les couleurs propres à chacun de ses détails diffèrent les unes des autres. Cet effet s'accroît encore et par le résultat des reflets mutuels, et par celui des ombres numériquement aussi considérables que les points éclairés.

L'individualité des couleurs est réservée, dans la nature, aux objets les plus rapprochés de l'œil. Encore est-elle subordonnée au passage du clair à l'ombre, ainsi qu'à l'action des reflets colorés.

Si un objet, sur toutes ses faces, était blanc et que, du côté opposé à la lumière, il n'y eût qu'une seule couleur reflétante, l'ombre de cet objet serait exactement teintée de même. Elle serait ou jaune ou bleue, ou rouge, selon que le voisinage projetterait sur elle l'un ou l'autre de ces tons.

L'ombre du jaune restera jaune si les reflets sont de cette couleur. Elle sera grise sous l'action du violet, verdâtre sous le bleu, ponceau sous le rouge.

Si l'objet reçoit les rayons du soleil, la partie éclairée affectera les modifications que doit imprimer à sa couleur propre la lumière de l'astre, modifiée elle-même tantôt en orangé, tantôt en ponceau, selon l'état de l'atmosphère traversée. S'il se trouve en plein air, sous l'azur du ciel, il empruntera de celui-ci une coloration bleue en dessus, tandis qu'en dessous les reflets viendront du sol.

Un objet qui serait exposé sous l'azur céleste sans que la lumière directe du soleil pût l'atteindre ou se refléter sur lui par le voisinage, aurait toutes ses parties claires bleues.

Dans une chambre ou jaune, ou bleue, ou rouge, les ombres seront reflétées de la couleur de l'intérieur. Dans le même moment, l'objet, du côté de la lumière, sera jauni ou bleui, selon que celle-ci viendra soit directement du soleil, soit indirectement par le seul fait de sa diffusion dans l'atmosphère. Le fond sombre et neutre d'un tableau devra toujours être affecté légèrement du ton dominant dans les couleurs de la chambre. Habituellement ce ton est brun lorsque les lieux sont enfumés. Le sujet déterminera toujours le choix de la teinte du fond.

Corps diaphanes. — De tous les corps diaphanes qui intéressent la peinture d'imitation, il n'en est aucun dont le rôle soit plus généralement reproduit que celui de l'air. Car l'effet même de tous les autres objets jouissant de diaphanéité n'arrive à l'œil qu'après s'être modifié par son passage dans l'atmosphère. Le corps diaphane n'est jamais tellement achromatique dans sa nature qu'il n'ajoute pas quelque chose de sa teinte propre aux couleurs transmises par son milieu. Ainsi l'air pur, sous une vive lumière du soleil, est d'un azur très clair. Puis sa teinte se modifie considérablement par son mélange avec celle des brumes provenant soit de l'eau à l'état de brouillard, soit de la fumée, et qui règnent toujours en plus ou moins grande quantité tant sur le fond des vallées que sur les plaines et les masses d'habitations.

Le caractère d'un lointain, lorsque la scène entière se passe sur des faîtes de montagnes, est la netteté des objets vus à de grandes distances, le blanc des parties éclairées et le bleu des ombres, en somme des images très nettes et un ensemble d'un blanc azuré.

Le lointain, sur les mers et les plaines, principalement dans les contrées froides, se borne à une distance très courte. Il affecte alors constamment la couleur et les effets du brouillard. Le fond du paysage est gris. Du côté du soleil, il blanchit durant la journée, et se colore de réfractions gris-ponceau vers le soir.

Quel que soit le système du fond imposé au peintre par la nature du sujet, si la scène se passe à la lumière du soleil, les lointains devront s'éclaircir en proportion des distances et représenter toujours exactement la quantité d'air interposée entre l'œil du spectateur et l'objet vu. Toute faute contre cette règle serait un contre-sens.

Le peintre ne perçoit les effets de la diaphanéité de l'air qu'en se tenant lui-même dans l'intérieur de la masse atmosphérique. Il n'en est plus ainsi relativement aux autres corps doués de la même qualité. L'œil voit alors, outre les propriétés lumineuses intrinsèques de l'objet, ses reflets extérieurs.

Devant une eau tranquille, le peintre tiendra compte successivement et de l'image vue au travers du liquide, et de celle
qui vient du dehors se refléter sur la surface. Puis l'une ou
l'autre image prévaudra suivant la profondeur obscurcissante
du bassin, ou la vivacité de lumière des objets extérieurs.
L'intervention des luisants semblera en quelque sorte effacer
les deux tableaux lorsqu'un reflet de grande lumière tombera
sur quelques points agités du liquide. Les trois effets coexis-
teraient, mais deviendraient inextricables dans une onde vio-
lemment secouée.

La vue de tout corps diaphane, considéré isolément, a donc
pour caractère ces deux lumières jumelles : l'une reflet direct
du dehors, l'autre réfractée par l'intérieur.

Manière de faire. — Quel que soit le procédé employé dans
la peinture d'imitation, il est une série d'idées naturellement
préconçues, et auxquelles il serait inutile pour l'artiste de ne
pas satisfaire. Ainsi, un trait d'un niveau parfait est l'écriture
en quelque sorte de l'eau, de l'horizon et par suite du grand
liquide atmosphérique. La tige de la plante, quels que soient
du reste ses écarts, éveille le sentiment de la verticalité. Toute
plante et tout animal bien connus ont laissé dans l'esprit un
type caractéristique. Il en est ainsi de la plupart des choses
les plus usuelles. C'est là ce qui, plus ou moins heureusement
interprété, constitue l'écriture naturelle des peuples sauvages.
Tracer une ligne mnémotechnique des objets à la manière des
ignorants, cela ne doit certainement pas être le but de l'artiste
civilisé ; mais il y aurait contre-sens à laisser apparaître dans
l'œuvre les procédés d'une facture contraire à cette méthode
primitive.

Ainsi, le graveur avec son burin, le peintre moderne avec
sa brosse, lors même qu'ils voudraient ne laisser subsister
dans leurs œuvres aucune trace de la facture matérielle,
devront, quant au coup de main, lui donner comme direction
le sens demandé par l'imagination prévenue du public.

Ordonnance du tableau. — Munis d'instruments et de matériaux toujours imparfaits, l'artiste doit user d'adresse dans le travail de son œuvre. Il établira l'intérêt principal du tableau sur le *point-de-vue* perspectif, et celui-ci sur la partie la plus basse de l'horizon apparent ou probable; car l'œil est invariablement appelé dans la direction du lointain. Sur un fond rendu aussi neutre que possible, il noiera successivement les scènes diverses du tableau, réservant pour l'objet capital placé au *point-de-vue* les contrastes les plus puissants soit de couleurs, soit de lumière et d'ombre.

IV

LA MAISON.

L'objet et les moyens assignés à l'homme, en vue du bien-être de la société, de celui de la famille et du sien propre, étant connus, le programme de la Maison d'un ménage devrait se trouver tracé; mais il reste à en faire l'application au milieu des difficultés que présentent : soit la nature des industries privées, soit cette ardeur irréfléchie de suicide qui porte l'homme en voie de civilisation à entasser dans des villes les habitations contre les habitations, les étages sur les étages, et l'infection de tous sur celle de chacun à la recherche des richesses besogneuses de la mode, soit enfin les nécessités de la guerre et la distribution toujours plus ou moins informe du territoire et des voies publiques par la faute de la commune ou de l'Etat. L'application usuelle est malheureusement tenue de faire une part à tous ces éléments; la théorie passera outre, dans la direction du but à atteindre.

La Maison sera peu éloignée du point où l'attacheraient des intérêts, rapprochée du groupe des voisins en raison des rapports sociaux à maintenir, isolée de crainte des contagions qui déciment les agglomérations d'hommes, élevée au-dessus des plaines et du fond des vallées, au centre d'un enclos qui assure l'indépendance de l'habitation.

Ainsi, établi, ce domaine de la famille vaudra ensuite ce que des soins prévoyants en auront fait. Il conviendra de le disposer en vue de tous les cas. Quel en sera l'emploi en hiver, au printemps, en été, en automne? Par le sec ou par la pluie? Le chaud ou le froid? Le matin, à midi, le soir, la nuit? Dans les diverses circonstances de travail ou de repos, de besoin et d'abondance, de tristesse ou de joie qui tour à tour atteindront la famille? Tout doit être prévu et étudié par l'architecte. Les résultats les plus précieux seront acquis par une dépense d'esprit plutôt qu'à prix d'argent. La lumière, l'air, la vue de l'horizon, et les jouissances fournies à foison par la nature, tels seront les premiers matériaux à mettre en œuvre.

L'enclos.

Avant tout, l'enclos doit être assez vaste pour que la parole n'y soit pas entendue depuis le dehors en toute circonstance. Il sera disposé de telle sorte que rien de ce qui passe chez l'un des voisins ne soit nécessairement vu ou connu de l'autre. Car l'indiscrétion nuit et à celui qui en est l'objet, parce qu'il perd ainsi une partie de son indépendance, et à celui qui en use, parce que toute action occasionnant le mal produit en même temps la peine de la faute commise. Un terrain de soixante pas de diamètre peut suffire dans ce but.

Il ne sera pas nécessaire d'avoir une surface plus considérable au point de vue de la salubrité, si le local lui-même se trouve au-dessus du niveau de l'air frais du soir. Dans une plaine, il sera indispensable d'avoir recours à des dispositions qui exigeront plus d'espace.

Le centre de vie dans l'enclos est une allée parfaitement horizontale, façonnée autant que possible selon les courbures naturelles du sol, prolongée de part et d'autre jusqu'à une dizaine de pas au plus des voisins, élargie en esplanade sur les points marqués pour les stationnements et particulièrement autour de l'habitation dont elle doit former au dehors un complément essentiel. Exempte de pentes, elle conduit sans effort le promeneur en face des tableaux de l'horizon et des incidents variés de l'enclos. La disposition la plus désirable est celle qui donne à voir, aux premières lueurs du jour, les cultures du jardin, qui fournit à midi l'ombrage de quelques arbres à ramures basses groupés comme à leur guise sur l'arène élargie, qui conduit, le soir, vers les spectacles du soleil couchant. Privé du bénéfice de cette dernière circonstance, le jardin le plus remarquable par son ampleur et son luxe serait abandonné pour le plus misérable chemin d'où l'on verrait le ciel d'occident doubler son éclat en se reflétant sur l'eau. Car il faut constamment à l'homme le sentiment de la lumière. Celle-ci lui affirme la vie; elle l'appelle irrésistiblement au moment où la nuit s'annonce; elle réveille encore son attention, quand le jour a cessé, en frappant ses regards du brillant microscopique des étoiles.

L'allée horizontale aura d'autant plus de charmes qu'elle sera tracée dans un sol plus accidenté et plus élevé au-dessus des plaines, au prix même des difficultés d'exécution présentées par des abrupts.

Ses courbures, irréprochables dans leur tracé, seront déterminées à la fois par la forme naturelle du sol et la disposition des abords de la maison. Elles le seront, en pays de plaine, par le choix des points de stationnement d'où la vue ait à parcourir le plus grand espace avant de se perdre sur les horizons préférés.

Le bâtiment.

Chez un peuple civilisé, le logis le plus modeste comporte au moins quatre subdivisions : la principale pour le ménage, puis le lieu de repos du père et de la mère, celui des enfants mâles d'une part, celui des filles de l'autre. Nous ferons abstraction ici des exigences particulières de l'industrie.

Une grande salle, de douze pas au moins sur huit, recevra le foyer du côté opposé à la fois à la porte d'entrée et à la fenêtre, si même l'une et l'autre ne peuvent pas être confondues en un seul double vantail vitré. Elle sera le vestibule, le lieu de conversation, la salle à manger, la cuisine, sans qu'aucun de ces services puisse nuire aux autres. Le long des flancs seront des chambrettes ayant chacune sa porte sur la salle, une très petite fenêtre au dehors, et sa surface restreinte, dans les deux sens, à la plus grande dimension que comporte un lit d'homme.

L'aération de la chambrette se trouve assurée par la correspondance de la porte avec la fenêtre; l'abri du couchage par sa position en dehors de ce courant d'air; l'isolement des sexes par l'interposition de la salle; la protection envers les enfants durant la nuit et le jour par la facilité de la surveillance; la jouissance de la vie commune par l'existence d'un centre auquel aboutit chaque réduit.

Sous cet ensemble régnera une cave destinée à recueillir des approvisionnements et à procurer l'assainissement du logis. Un comble, par des moyens opposés, remplira le même but. La communication entre ces trois étages se fera par un escalier.

L'aire du logis se trouvera de trois marches au moins au-dessus du niveau extérieur du sol en pays élevé, — ce qui est le cas normal. — Sa siccité sera augmentée par une saillie très considérable des versants de la toiture.

Les auvents. — Chose possible pour un bâtiment aussi simple, il faut que la pluie n'atteigne pas habituellement les murailles extérieures. On aura donc soin d'employer des toitures à pentes très douces et conséquemment propres à procurer sans gêne de grands auvents au pourtour de l'habitation. La limite de cette saillie doit être subordonnée au besoin de laisser parvenir la lumière directe du soleil contre les murs durant l'hiver, tout en protégeant les fenêtres contre cette action au milieu des jours d'été. Certains approvisionnements et les ustensiles de toute sorte trouveront place sous ces auvents; ils y seront disposés avec un ordre extrême dans le

11

but d'économiser l'espace et de produire une ornementation réelle de la maison par le simple emploi de choses regardées comme viles chez les peuples à demi civilisés.

Du côté le mieux abrité contre les vents froids, l'auvent pourra jouir d'une plus grande extension et servir de portique.

L'orientation. — Il n'est pas indifférent d'orienter la maison d'une manière convenable. Dans nos contrées, l'exposition du midi vaut mieux que celle du nord, pour la façade principale où se trouveraient l'entrée et la fenêtre. Sur quelques points, une direction plus orientale est préférée en raison de la violence des vents du sud-ouest. Ailleurs, on peut impunément braver ce côté de l'horizon. Dans tous les cas, l'architecte cherchera des yeux, vers l'ensemble du but préféré, la partie de l'horizon la plus lointaine, laquelle est presque toujours aussi la plus abaissée, et il établira exactement l'axe de la maison sur cette direction. La moindre déviation serait une faute constamment désagréable sans être même connue des habitants, et difficile à corriger, quoique l'on y parvienne au moyen de quelques plantations habilement disposées.

Les plantations. — Toute plante étant sujette à croître différemment suivant la nature du sol et à périr avant l'âge, il y a témérité à ranger des arbres suivant un ordre symétrique. Cette disposition prépare toujours des mécomptes et des irrégularités auxquelles il n'est plus possible de remédier après un certain nombre d'années. Les groupes d'arbres n'offrent pas cet inconvénient, soit qu'ils présentent à l'œil une seule masse compacte, soit qu'ils résultent du concours apparent de trois, de cinq ou d'un plus grand nombre de plants. Si l'un d'eux vient à manquer, on peut impunément et en toute saison corriger le défaut d'une manière satisfaisante.

Il en est de même de ce qui constitue le verger. Si l'économie de place conduit à planter en quinconce les arbres fruitiers, cet avantage est bientôt compensé per l'inconvénient des vides que produit la mort tantôt d'un plant, tantôt d'un autre. On se rappellera, en outre, ce principe que le terrain, après avoir porté un arbre sur un point, nourrira mal au même endroit un second individu de la même race.

La règle sera donc de planter chaque arbre fruitier sur un point à sa convenance, et de varier les espèces suivant la nature de la terre et de l'exposition.

Les arbustes et les arbres mis en buissons formeront autour de l'enclos une sorte de haie continue destinée principalement à ôter la vue des propriétés trop voisines. Pour que les ramures de cette plantation puissent prospérer de rase terre à un niveau peu élevé, on évitera de rapprocher d'elle d'autres arbres qui pourraient la dénuder par leur ombrage.

Suivant la loi générale d'équilibre, les arbres qui donneront le plus de feuilles ne sont pas ceux qui fourniront à l'homme le plus de fruits. Néanmoins il en est qui, disposés habilement, produiront des récoltes en même temps qu'une part de branches et de feuilles utile pour la formation de la haie autour de l'enclos.

C'est donc assez près de la Maison que les grands arbres fruitiers trouveront leur place, laissant entre eux et la bordure de la propriété un certain vide pour des groupes de plantes potagères ou d'arbustes auxquels une bonne culture est indispensable. Aux grands arbres on ne demandera pas uniquement des fruits. Ils formeront encore, pour les paysages environnants, les premiers plans et les cadres des tableaux. Chacun, selon la forme en colonne, en dôme, ou horizontale qui lui est propre, servira tout à la fois à masquer un point peu agréable à la vue, et à dessiner le bord de quelqu'une des vallées réelles ou fictives que l'œil trouve en se dirigeant vers les différents abaissements de l'horizon, les lointains ou des choses habituellement remarquables. Avec un très petit nombre d'arbres, l'architecte trouvera moyen de satisfaire à ces diverses données.

Les tableaux à former dans l'ensemble de l'horizon devront avoir pour point de départ :

En premier lieu, la salle de la Maison ;

En second lieu, une salle de verdure sur l'allée horizontale;

En dernier lieu seulement les autres places de stationnement que peut offrir cette esplanade.

Quant à la salle de verdure, établie très près de la Maison
dont elle est en été l'annexe, elle doit consister dans un vaste
buisson impénétrable aux yeux du dehors, et d'où la vue
puisse cependant s'échapper.

Elle sera formée soit par le dôme que peut fournir même
un seul arbre dont les branches retomberaient à terre, soit
par une clôture de charmes, d'ifs ou d'autres plants propres à
conserver leur ramure depuis le niveau du sol, soit par une
charpente à claire-voie qui s'habillerait de plantes grimpantes,
telles que la vigne.

Le groupement des plus grands arbres à peu de distance de
l'habitation a encore pour résultat de l'abriter contre la violence des vents et des pluies. Il conviendra d'être assez habile
pour profiter de cet avantage par une heureuse disposition,
sans se priver inopportunément des rayons du soleil.

Les animaux. — Des animaux, grands ou petits, domestiques ou sauvages, vivront dans l'enclos avec l'homme. Ses
plantations et ses fruits seront dévorés par les uns; d'autres,
au contraire, aideront à détruire les destructeurs. Appeler ceux
qui sont utiles, éloigner les bêtes nuisibles, telle est la tâche
difficile qu'impose la jouissance du plus modeste chez-soi.

Il en est qui seraient utiles sous certains rapports seulement
et dont la présence ne convient pas à la porte d'une habitation.
Ainsi, la vipère qui détruit les rats par sa morsure venimeuse,
plus encore qu'en faisant de leur chair sa nourriture, serait
dangereuse près de la Maison. Ainsi l'araignée, dont les toiles
sont un filet contre les mouches, deviendrait un obstacle aux
soins de la propreté du logis. Ainsi la taupe, grande jardinière
du sous-sol et seul chasseur efficace des larves nourries de la
racine des plantes, met le désordre dans les cultures. Tant
que l'on n'aura pas trouvé le moyen de diriger les animaux

de cet ordre pour en tirer parti sans en subir les inconvénients, il faudra se priver de leur concours.

D'autres animaux sauvages travaillent, sans de trop graves comparaisons, pour le domaine de l'homme.

Au premier rang se place la chauve-souris qui vit d'insectes même les plus gros. Il lui suffit d'un abri sombre durant le jour, chaud en hiver, paisible, et dont l'entrée soit quelque peu élevée au-dessus du sol pour la sûreté du passage.

Puis viennent les oisillons, surtout ceux qui mangent le moins de fruits ou de graines, tels que les fauvettes et les autres becs-fins. Comme ils craignent peu, en général, le voisinage de l'homme, il est bon de leur préparer des buissons convenables pour la nichée.

Les chouettes de petite espèce, presque inoffensives envers les oisillons, chassent sans relâche les souris des champs. Il est utile de leur ménager un gîte.

Hors les moments du sommeil, les animaux se tiennent en état de surveillance réciproque; ceux dont il vient d'être parlé observent l'homme et son attitude plus ou moins bienveillante. Celui-ci devra donc, pour les attirer, ne jamais prendre à leur égard un air menaçant, et affecter, au contraire, des habitudes amicales.

La même règle devra être suivie envers les animaux domestiques. Il conviendra que nul d'entre eux ne souffre, le rhythme de la douleur se communiquant à l'homme comme aux autres habitants de l'enclos. Nul ne devra donc, contre sa nature, être emprisonné de manière à sentir la privation de la liberté.

La vache, douée par-dessus tout des instincts casaniers de la mère, dès que sa subsistance est assurée, peut rester attachée à l'étable, pourvu que de là elle voie et entende une société humaine ou animale comme d'elle. La poule, le canard et d'autres oiseaux de la sorte, jouissant de quelque liberté dans l'enclos, paient par leur chasse active aux insectes, par leurs produits et leur propre accroissement, les dégâts qu'ils auront occasionnés.

Le chien, sociable comme l'homme, jouissant par rapport à celui-ci des qualités spéciales en quelque sorte complémentaires, sent le besoin de cette aide et, en retour de ses services, se regarde comme une partie essentielle de la famille.

L'éducation des uns et des autres est proportionnée à celle des maîtres du logis. Les bêtes les plus antipathiques à la vie sociale, comme celles de l'espèce féline, sont susceptibles d'être élevées d'une manière utile, si l'homme, leur supposant une intelligence analogue à la sienne, sauf la diversité des aptitudes, établit avec eux les rapports d'un être raisonnable à un être également raisonnable.

Suivant la nature particulière des lieux et le climat, telle ou telle espèce d'animaux devra être admise dans le domaine. Les dispositions à prendre pour leur gîte varieront donc autant par cette première considération que par l'appréciation exacte à faire du nombre nécessaire des individus à admettre.

L'habitation en plaine.

Ce qu'un terrain élevé livre naturellement de causes de bien-être pour l'habitation, la famille doit le conquérir par les plus industrieux efforts dans les pays de plaine.

Pour éviter autant que possible le séjour dans le lac d'air frais du soir, le bâtiment sera placé à un niveau plus considérable au-dessus du sol.

La cave occupera le rez-de-chaussée. Elle sera munie d'une voûte qui la sépare de l'étage. Autour d'elle on amoncellera des terres de manière à lui donner les mêmes qualités de température que si elle avait été obtenue au moyen d'une fouille. On n'y entrera jamais de plain-pied; mais on y descendra par un escalier depuis le niveau supérieur, condition que nulle autre combinaison ne peut utilement remplacer. Sur la cave s'élèveront deux tuyaux de cheminée, jusqu'au-dessus du comble du bâtiment, l'un plus haut que l'autre. Ils correspondront chacun à deux points de départ différents. Vers le matin des jours d'été, l'air de la cave, trop échauffé la veille, montera par le tuyau le plus élevé et fera place à un dépôt plus frais descendu pendant le même temps de la seconde cheminée. Ainsi se renouvellera la fraîcheur du souterrain durant la saison chaude. On conservera la chaleur, pendant l'hiver, en fermant les tuyaux.

L'étage habité se trouvant, par cet exhaussement factice, plus élevé que le niveau des clôtures du domaine, échappera aux dangers de l'air stagnant. Ce remède pourra être rendu plus efficace par le soin que l'on mettrait à employer des clôtures à claire-voie au moins du côté de la voie publique.

Le terrassement autour de la cave devra être très large devant l'entrée de la maison, afin d'y former une petite esplanade. Pour obtenir une si grande quantité de remblais, on se gardera bien de faire des creux dans l'enclos; mais les terres, ensuite d'un règlement à établir au besoin dans la commune, seront extraites du lit des cours d'eau, de manière à les assainir en leur donnant une plus grande profondeur.

En effet, il ne doit y avoir, dans les plaines, aucune surface d'eau qui ne dépasse en profondeur, dans tous les temps, la hauteur d'un homme. Alors seulement peuvent vivre sur un lit suffisamment abaissé les animaux aquatiques qui mangeront les autres prêts à périr ou déjà morts. De là peuvent s'élever, sans périr par l'abaissement des eaux, les plantes destinées à absorber pour leur nourriture les détritus de toute sorte.

La grande salle du logis, dans une contrée en plaine, ne sera jamais privée du courant d'air qu'appelle, sous le manteau d'une cheminée toujours ouverte, le feu de la cuisine. Car l'usage du foyer est la plus sûre garantie d'assainissement du local, n'y eût-il sous la cheminée que la flamme d'une lampe.

Comme en plaine, dans les temps calmes, il convient d'éviter par-dessus tout l'air stagnant et frais du soir, ou du moins de s'abstenir de repos sous cette dangereuse influence, le véritable auvent, pour la famille, sera le comble lui-même, disposé pour donner la vue de l'horizon et du couchant, et mis en

communication avec la grande salle par un escalier proportionné à la modicité et à la simplicité du bâtiment. Une rampe
droite et raide peut satisfaire à ce besoin. Une autre semblable,
placée en dessous, conduirait pour d'autres services à la cave.
Mais ce dernier resterait toujours clos par rapport à la grande
salle, tandis que celle-ci recevrait de sa communication avec le
comble un renouvellement d'air puisé dans une couche plus
élevée de l'atmosphère.

Ces précautions suffiront pour écarter du logis les fièvres
propres aux plaines presque toujours incomplètement assainies.
Il reste à supprimer encore les dangers de la putréfaction dans
l'enclos.

Toutes les matières destinées à se putréfier et à devenir des
engrais seront enfermées sous une voûte recouverte elle-même
d'une môle de terre. L'infection sera de plus neutralisée par
le jet fréquent des drogues en usage pour ce but (¹). On aura
soin, enfin, de placer le dépôt à quelque distance de la maison,
et jamais du côté des vents les plus habituels.

Les habitations dans la ville.

Les agglomérations de maisons dans les villes ont besoin
d'être habilement réglementées dans l'intérêt de la salubrité
et de la sécurité des personnes, non qu'il doive exister pour
elles des lois spéciales, mais par cette raison que le défaut de
prudence leur serait plus immédiatement préjudiciable qu'aux
habitations disséminées.

Le principe généralement admis est, au fond, que deux
propriétés contiguës ont une partie commune, la rive, mais
que celle-ci, géométriquement réduite à une ligne sans épaisseur, consiste réellement dans une bande assez large pour que
ni l'une ni l'autre de ses moitiés ne puisse, au besoin, être
franchie par un seul effort de l'homme de la plus haute stature.
Cette distance est celle sur laquelle s'exercent dans toute leur

---

(¹) La poussière de plâtre, les sulfures de fer, etc.

ampleur les servitudes naturelles, inévitables, réciproques, de voisin à voisin; cette espèce de communauté d'usage de la rive pratique appelle l'intervention du juge, et un règlement.

Si deux maisons doivent être placées face à face sur l'une et l'autre rives, elles ne pourront donc jouir de portes et de fenêtres, sans gêne immédiate pour le voisin, qu'à la distance naturellement infranchissable.

Ainsi se trouve assurée, sous un rapport, la sécurité du foyer domestique. Mais la mesure n'est pas suffisante quant à la salubrité des habitations. Elle l'est moins encore en ce qui concerne le danger des personnes et la prévision des crimes.

En effet, si, tout en se conformant aux mesures imposées relativement aux distances pour les portes et les fenêtres, les voisins viennent à construire, chacun chez soi, sur la zone des servitudes réciproques, perpétuel champ de guerre entre riverains, des murs très rapprochés les uns des autres et qui laissent entre eux des vides inabordables à l'homme, il arrivera que dans ces réduits pourront venir se perdre, sans secours possibles, et les enfants et les animaux de petite taille. Là, dans des poches résultant parfois du défaut de parallélisme des murs, pourront être précipités des objets qui demeureraient indéfiniment cachés à la surveillance publique.

Une sage mesure s'est presque généralement établie pour corriger ces divers abus. Elle consiste dans la création de ce que l'on appelle dans nos contrées le *mur mitoyen*.

Cette institution est la plus féconde en bons résultats que la législation des peuples civilisés ait su imaginer pour les agglomérations de maisons dans les villes. Elle devrait être généralisée: car, à un moment imprévu, elle peut être nécessaire en quelque lieu que ce soit. il conviendrait de la régler sur les bases suivantes :

La loi statuerait que, sur la largeur nécessaire pour construire un mur mitoyen d'une épaisseur déterminée au-dessus du sol, avec les accroissements de dimension utiles pour la fondation souterraine, la rive deviendrait commune en présence du projet de construction;

L'un ou l'autre des riverains, sinon tous deux à la fois, prendrait, pour élever le mur mitoyen, une égale largeur de chaque côté de la ligne géométrique de séparation des propriétés;

Il exécuterait la construction sous la surveillance du voisin;

La hauteur du mur mitoyen serait limitée par la commune dans un intérêt de salubrité;

Celui des riverains qui n'aurait pris aucune part dans les frais de construction, ayant néanmoins fourni le *parmi-terre,* jouirait du droit d'appuyer des plantes contre le mur mitoyen, sauf à l'entretenir de son côté;

Dès qu'il lui conviendrait de bâtir à son tour contre ce mur, il acquerrait *librement* la propriété définitive de la mitoyenneté, en payant la moitié de la valeur qu'auraient conservée les maçonneries au jour de l'achat;

Il serait interdit aux riverains de modifier l'usage du mur mitoyen par aucune espèce de conventions.

De l'institution du *mur mitoyen* dérive directement une disposition avantageuse pour la salubrité des maisons agglomérées, c'est que, devenues impossibles du côté des voisins, les fenêtres seraient établies le long de la voie publique.

Celle-ci, propriété de tous dans l'intérêt de chacun des riverains, doit exister avec des droits imprescriptibles, mais subissant des servitudes directes au profit de chaque maison, n'en concédant aucune chez elle à un voisin sur son voisin, n'accordant jamais ni à l'un ni à l'autre le privilége de s'immiscer dans l'administration de la rue dont ils auront à se servir.

Soit par l'abaissement de la chaussée, soit par un exhaussement du sol inférieur des maisons, celui-ci devrait toujours être à trois marches au moins au-dessus des rigoles d'écoulement des eaux de pluie dans la rue.

Il n'y aurait pas de cour fermée par des bâtiments sur ses quatre faces, à moins qu'entre elle et la voie publique il n'eût été réservé un courant d'air permanent au moyen d'un très large passage sans porte, ou muni simplement d'une grille à claire-voie sur la plus grande partie de la hauteur du rez-de-chaussée.

Toute fenêtre d'une chambre destinée à l'habitation serait disposée de manière à laisser écouler par le bas l'air le plus pesant, et par le haut les gaz les plus légers. Elle commencerait presque au niveau du sol de la chambre et dépasserait en hauteur la stature humaine d'au moins moitié.

Comme, nonobstant ces précautions, les habitations sur les cours manqueraient de salubrité, surtout dans les rez-de-chaussée, la commune encouragerait par tous les moyens dont elle peut disposer, l'établissement des logis sur la rue.

L'habitation, considérée au point de vue du logement le plus simple de la famille, mais le plus convenable dans les conditions si mauvaises de l'agglomération des maisons, aura donc toutes ses fenêtres sur la voie publique, chacune d'elles avec un balcon. Elle sera séparée : des voisins de droite et de gauche par un mur mitoyen compact et impénétrable au passage des gaz ; des appartements du dessous et du dessus par une voûte plate et mince également en maçonnerie, mais qui soit un obstacle insurmontable contre la pénétration des courants d'air parfois infectés provenant des logements contigus.

L'escalier, commun à tous les étages, sera une espèce de cheminée, ouverte surtout à la hauteur des combles et au rez-de-chaussée, et rendue ainsi autant que possible aux conditions de salubrité d'une petite rue.

La maison riche.

L'habitation prend un caractère de richesse dès qu'elle jouit de choses qui n'étaient pas indispensables à la vie de la famille. Certains peuples anciens n'admettaient pas que la maison des grands différât d'aspect des logis ordinaires. Mais cet usage, en supprimant l'un des objets principaux de l'émulation chez un peuple, empêchait que celui-ci ne se civilisât à un niveau plus élevé.

Le privilège de la richesse est de donner d'abord, à qui sait s'en servir pour l'établissement de sa demeure, le choix de l'emplacement. Il donne encore un espace plus grand d'enclos et une extension plus considérable de bâtiments, mais non sans accompagner ces faveurs du danger des compensations naturellement imposées à tout ce qui cesse de tendre de la manière la plus directe au bien de la famille. L'oubli de ce dernier principe, joint à une extension trop grande de la propriété, créeraient pour le possesseur le sentiment du vide au dedans, et une servitude certaine par rapport à l'extérieur, la servitude réciproque, inévitable entre le maître qui commande et les aides qu'il est obligé d'appeler autour de lui.

Les développements, en quelque sorte licites, de la maison ont pour objet, soit de réunir à l'habitation maternelle les familles que les enfants ont pu fonder à leur tour, soit de recevoir des hôtes étrangers, soit enfin de donner des fêtes.

Mais quel que soit le degré de la richesse qui fondera un domaine, l'architecte devra s'appliquer à sauvegarder les jouissances de la famille contre les influences du régime de la domesticité.

Dès qu'il est besoin d'un serviteur dans la maison, le système de la salle unique servant de vestibule, de salon, de salle à manger et de cuisine, s'évanouit. La présence obligée de ce témoin pèserait trop fortement sur l'indépendance de la famille. Il faut donc diviser le groupe des divers services et en détacher, pour leur affecter des chambres spéciales, d'abord la cuisine, puis la salle à manger, en troisième lieu le salon qui est pour la famille l'endroit des causeries, comme celui des entrevues pour les étrangers. Il faut surtout établir le vestibule qui servira d'entrée à toutes ces pièces séparément, et de centre d'action au service domestique.

Le vestibule. — C'est dans le vestibule que le serviteur vient reprendre sa place dès qu'il a cessé les travaux qui l'appelaient ailleurs. Aussi la pièce doit-elle être assez grande pour que la domesticité y trouve un coin tranquille hors de la circulation et assez éclairée pour que les ouvrages les plus délicats puissent au besoin y être confectionnés. Devant être occupée en toutes saisons, elle comporte nécessairement un foyer. Des armoires nombreuses y seront distribuées pour renfermer avec ordre les objets confiés à la garde du serviteur. Libre en ce lieu sous la réserve des éventualités du service, la domesticité pèsera d'autant moins sur la famille que la séparation de l'une et de l'autre sera ainsi plus complètement établie. La partie de l'enclos qui constitue les abords du vestibule en est une dépendance et restera comme lui distinct de la part des maîtres.

L'importance du vestibule variera comme celle de la maison. Elle sera presque nulle dans le cas d'un seul serviteur dont la sagesse des maîtres aura su accorder les habitudes et les intérêts avec ceux du service de la famille. Elle deviendra considérable lorsque le nombre des appartements l'exigera.

Si plusieurs branches de la famille sont destinées à demeurer sous le même toit, chacune d'elles aura besoin de jouir par rapport aux autres, à ses heures, de la même somme d'indépendance que s'il s'agissait d'étrangers, et, pour son serviteur particulier, elle aura une antichambre.

On ne doit pas compter parmi les gens du vestibule les serviteurs qu'une fonction spéciale attache à l'une des dépendances de la maison et qui ont dans ces lieux leur demeure. Ce sont des rudiments de familles annexes, destinées le plus souvent à la stérilité quant à la race, mais dont le travail devra toujours être rendu productif, sous peine d'un double dommage et pour le maître et pour ses assujétis. L'emploi de ceux-ci exige d'intelligentes prévisions et des dispositions architectoniques en rapport avec le but.

La cuisine. — On a vu que la variété des mets était un devoir; le nombre des ustensiles doit dès lors être considérable. La cuisine sera donc traitée comme un atelier où doit régner l'ordre le plus parfait, où chaque chose aura sa place invariable, afin qu'il ne soit jamais nécessaire de chercher, et où nulle intervention étrangère n'apporte du dérangement. Les murs et les plafonds seront garnis, les premiers de tiroirs et de rayons, les seconds des moyens de suspension les plus divers; car moins la cuisine occupera de place proportionnellement à la quantité des agrès, et moins il y aura de mouvements à opérer pour s'en servir, moins conséquemment le travail sera long et pénible. Dans le cas même où la maîtresse de la mais n se chargerait seule des soins de la cuisine, il importerait de ne pas affecter à cette pièce un espace trop grand et dont le superflu serait toujours plus utile pour l'agrandissement d'une autre salle, telle que celle que l'on destine aux repas.

La cuisine doit être munie d'une cheminée toujours ouverte pour l'issue des odeurs en même temps que de la fumée. Elle doit avoir une fenêtre abritée contre le soleil et garnie d'un treillis impénétrable au passage des insectes. Le sol doit être facile à laver. L'eau y sera conduite par un tuyau toujours prêt, et les liquides à rejeter sortiront soit par un orifice disposé en syphon renversé, soit par tout autre moyen propre à conjurer leur infection.

Si, vu l'importance de la maison, la maîtresse du logis est obligée de livrer à un serviteur les soins de la cuisine, l'intérêt à bien faire diminue et la nécessité des réformes commence. A côté de la cuisine, il faudra le lieu des approvisionnements où nul ne puise sans autorisation.

Dès que la domesticité se compose de quelques personnes, il faut pour elles une salle à manger, ce que l'on appelle un office, lequel peut être contigu à la cuisine, mais ne doit jamais y donner accès. Si elle est nombreuse, il faut, en outre, d'autres dépendances à chacune desquelles soient affectés des serviteurs responsables, à l'exclusion des autres.

La cuisine doit être en communication avec la salle à manger : directement, si le service est fait par la maîtresse; moyennant l'interposition d'une pièce accessoire, si le gouvernement du foyer est dévolu à un serviteur.

La salle à manger. — Toute salle à manger, destinée à recevoir des convives du dehors, indépendamment de ceux de la famille, doit affecter pour cet objet une forme allongée. Elle ne sera donc carrée, ou même circulaire, que dans le cas exceptionnel où le nombre des assistants se trouverait invariablement restreint au personnel de la maison. La hauteur de la salle à manger est le plus souvent égale à sa largeur, proportion de 1/1, tandis que la longueur s'accroît selon les rapports harmoniques 3/2, 5/3, 7/4, 15/8 et même 2/1. Mais l'intérêt de la famille ne comporterait guère au delà de cette limite un accroissement où se perdrait de plus en plus la prépondérance de l'administration intime de la maison.

L'architecte calculera d'abord la longueur de la salle à manger sur le nombre des personnes pour lesquelles il a été disposé dans la maison des logis même temporaires : il comptera, en outre, la proportion des invitations que les relations extérieures permettront de faire utilement. Puis, d'après ces bases, il établira le rapport harmonique sous lequel il convient de classer les dimensions de la pièce.

La salle à manger demande de la clarté, laquelle lui sera fournie abondamment : la nuit par des appareils qui concentrent la lumière sur la table, le jour par d'amples fenêtres. Sa décoration exprimera des idées d'allégresse et d'énergie, à l'exclusion des images de la souffrance dont la place utile est ailleurs. La pièce sera fraîche l'été, chaude sous les pieds durant l'hiver, en tout temps d'une propreté qui puisse sembler exagérée. En somme, elle doit au convive le sentiment du bien-être et la gaîté sans nulle apparence de cynisme. Car l'objet définitif est d'écarter toute cause de défaillance de l'appétit en présence d'une nourriture qu'une sage économie commande de consommer de la manière la plus avantageuse.

Dans la salle seront distribués des meubles qui puissent, sinon dispenser du service de la domesticité, du moins en restreindre la durée souvent inopportune au milieu des colloques divers de la famille. L'inconvénient qui résulterait de la présence constante des serviteurs sera évité par la bonne disposition d'un office de salle à manger accessible depuis la cuisine, et d'une autre pièce semblable pourvue d'une seule entrée sous l'œil de la maîtresse du logis. Celle-ci aura de la sorte la facilité de faire apporter simultanément, à l'instant voulu, d'une part les choses apprêtées d'avance, d'autre part celles qui viennent de l'être, et de limiter ainsi à la plus courte durée le temps des apparitions successives de la domestic...

Comme une extension plus considérable du service de la salle à manger en changerait le caractère et substituerait au régime de la famille et de l'intimité celui de réunions rendues publiques par la présence des témoins, puis à l'industrie restreinte de la maison de véritables entreprises culinaires, cet état de choses ne saurait être examiné ici à propos du gîte, même le plus splendide, destiné avant tout à la réussite des enfants sous les soins de la mère et du père.

Le salon. — Abri facile des maîtres contre la domesticité, le salon sera disposé pour recevoir à la fois et les enfants et les étrangers sans que la conversation des uns gêne la liberté des autres. A moins donc que d'établir trois salons, le premier pour les ébats des enfants, sinon pour leurs études; le second pour les laborieux loisirs et les causeries de la mère; le dernier pour le cérémonial des relations extérieures, il importera, si l'on est heureusement réduit à restreindre le tout dans une seule pièce, que celle-ci forme en quelque sorte trois compartiments ayant chacun sa fenêtre bien séparée des deux autres, et ses moyens d'isolement sous une certaine unité de surveillance.

A un moment donné, les salons ou les compartiments du salon deviennent un seul lieu de fête. Ils doivent avoir été disposés d'avance pour présenter en pareil cas l'ensemble le plus complet.

La décoration des salons demande une grande blancheur pour les fêtes de nuit, en raison de l'économie que ce procédé procure quant à l'éclairage. Elle réussit mieux à être établie suivant un système de tons foncés pour ses effets dans toutes les autres circonstances. Elle acquiert de plus par ce dernier état l'avantage d'une longue durée, qualité précieuse en raison de son influence sur les habitudes, et le mérite de faire valoir avec plus d'éclat les objets d'art dont le luxe appartient aux salons.

Dans la pièce destinée aux relations extérieures, le choix de l'imagerie aura pour objet de rappeler à l'esprit les qualités diverses qu'il convient de posséder en pareille circonstance. La variété des sujets traités, éveillant celle des souvenirs, peut fournir aux interlocuteurs, en beaucoup de cas, des guides pour modifier à propos le cours des idées. L'œil du maître y puisera, selon le besoin, des sentiments de trève ou de guerre, de résistance ou de charité, ainsi que des exemples de la fierté morale dont l'homme ne doit jamais se départir devant autrui.

L'imagerie à mettre dans la salle, ou dans la part de salon consacrée à la jeunesse, sera de nature à soulever de généreuses aspirations d'amour-propre et un dévouement absolu pour le bonheur de la société.

Le salon de la mère doit contribuer, par la nature des sujets exposés, à développer dans la famille le sentiment de l'union, du travail content, de l'espérance et du bonheur qui en découlent.

Dans le cas d'une salle unique à trois compartiments, chacun de ceux-ci aura des proportions de forme en rapport et avec l'ensemble et avec les deux autres subdivisions. Cette disposition peut donner naissance à des accords de mesures d'un effet complexe et puissant.

La chambre à coucher. — Toutes les chambres à coucher de la famille doivent être rangées auprès de celle de ces pièces qui sera occupée par la mère. Elles lui seront subordonnées quant à leurs entrées particulières, de telle sorte que la surveillance soit facile, constante et presque réciproque. Cette disposition est une puissante garantie de l'établissement et du maintien des habitudes de prudence dans la maison.

12

Par rapport au salon, la chambre à coucher de la mère doit être en quelque sorte la continuation de ce dernier. Elle le complète quand il en est besoin; elle le remplace même, avec l'aide de la salle à manger, s'il fait défaut.

Elle sera, comme toutes les autres chambres à coucher du reste, constituée en deux parties distinctes, celle du lit sur laquelle ne doit exister aucun courant d'air, puis celle de la circulation où se trouveront la fenêtre et les portes. Entre ces dernières et le lit sera placée la cheminée.

Il résulte nécessairement de ces données que la chambre à coucher sera toujours beaucoup plus profonde que large, et que pour le service de la Mère la longueur de la pièce atteindra souvent le double de l'autre dimension.

Les portraits de famille, des objets de souvenir et les images les plus gracieuses de la religion formeront la principale décoration de la chambre de la Mère. La diversité des formes et des dimensions des siéges y rendra le local commode pour tous les âges. Une seule fenêtre très vaste, à balcon, bien exposée, lui conviendra pour appeler la lumière, le renouvellement de l'air et l'activité des personnes d'un seul côté. L'intérieur de la cheminée aura une hauteur telle qu'un homme debout puisse y recevoir la chaleur du feu de la tête aux pieds, afin que nul ne trouve plus de convenance à se sécher ou à se chauffer ailleurs. Le lit présentera d'excellentes conditions de salubrité si, au lieu d'être enveloppé de draperies pendantes, il prend simplement sa place au fond de la chambre dans celui des angles qui sera le plus éloigné de la cheminée, ayant ainsi une atmosphère libre et tranquille en même temps. Enfin, la fenêtre sera munie, tant au dedans qu'à l'extérieur, de tous les agrès nécessaires pour les besoins des différentes heures de la journée, donnant à la convenance des habitants soit une large vue du dehors, soit une obscurité complète, soit des demi-jours abritant du soleil sans priver de la circulation de l'air durant les saisons chaudes, et se fermant par une triple ou quadruple clôture contre les froids de l'hiver.

Salles de jeu, atelier, bibliothèque, galeries de collections. — Ces noms éveillent des idées auxquelles il ne peut être donné satisfaction d'une manière vraiment utile que par un ingénieux emploi des diverses salles dont il a été dit que la Maison comportait l'usage. Un trop grand développement de l'un ou de l'autre de ces services le ferait classer soit parmi les choses de l'industrie, soit dans un domaine d'administration publique. Cette étude ne saurait donc trouver place que dans les généralités, et non plus dans l'application de celles-ci à l'organisation du logis de la famille.

L'ensemble de la maison riche. — En un lieu élevé et salubre la Maison riche consistera dans un rez-de-chaussée muni presque partout de portes-fenêtres, quelquefois avec une portion d'étage pour les enfants, avec une autre portion bien distincte pour la domesticité. Elle se composera de ramifications reliées entre elles par les séries les plus longues possible de portes, sur des axes en ligne droite.

La multiplicité de ces ramifications produira des saillants et des rentrants ayant pour effet artistique :

En premier lieu, de permettre que chaque service se dessine au dehors par les formes de façades, d'ouvertures et d'ornements qui le caractériseront ;

En second lieu, de fournir une grande quantité d'angles extérieurs de murs dont la verticalité corrigera dans l'esprit du spectateur le sentiment pénible d'une ligne seule debout sur un sol incliné, et qui, statue, colonne ou tour, bien qu'établie d'aplomb, semblerait toujours inclinée par rapport à la pente et prête à tomber en arrière. La pluralité des lignes verticales et horizontales fortement accentuées dissipera l'erreur qui se fût involontairement formée pour l'œil s'il n'eût eu d'autre terme de comparaison qu'une assise penchée.

L'étude de la silhouette générale des combles sera irréprochable, vu l'importance des points culminants quant à l'aspect d'un édifice.

Des portiques remplaceront par endroit les auvents protecteurs de la maison simple.

L'architecture nue du bâtiment sera voilée sur quelques
points par des arbres portant peu d'ombre, mais qui, tout en
donnant au spectateur l'idée de richesse résultant de ce que
l'on appelle, dans les décorations théâtrales, des *plans*, fourniront un abri précieux auprès de l'habitation.

On éloignera de la maison les cultures du jardinier, afin de
conserver sur ce point le plus fréquenté dans l'enclos une
liberté d'ébats nécessaire aux animaux comme aux hommes.
Si ce voisinage était dangereux pour certaines plantes trop
frêles que l'on voudrait avoir près de soi, il faudrait parquer
celles-ci; car elles se complairont derrière une grille tutélaire,
tout autant que les races destinées à la locomotion souffriraient
à être emprisonnées.

Les bâtiments accessoires, propres au service des écuries
diverses qui accompagnent le plus souvent l'habitation riche,
ont leur place marquée inévitablement du côté de l'entrée du
clos. Mais quel que soit leur peu d'importance, il conviendra
toujours de les séparer de la maison, leur voisinage trop
immédiat ayant pour résultat d'infester de mouches l'habitation, de mettre inutilement une partie de la domesticité près
des colloques de la famille, et de gêner les jouissances de la
circulation sur l'esplanade.

Dans un vaste enclos, l'allée horizontale n'est pas moins
essentielle que dans une propriété restreinte à la proportion
de surface la plus ordinaire, et où la circulation serait moins
étendue. Elle se ramifiera autour de la maison pour les besoins
d'ombre, de soleil, ou d'abri contre les vents que la saison et
l'heure du jour commanderont. Elle se développera, en outre,
dans tous les replis où le promeneur peut être appelé par
quelque circonstance locale agréable, ou par l'appât d'un point
de vue intéressant.

On ne doit pas tendre à faire la maison riche belle seulement
pour elle-même, chose impossible du reste; mais, à cause de

son importance, elle a le devoir d'embellir la contrée sur
laquelle on la verra régner. L'architecte devra donc éviter de
donner à son œuvre ces formes de caisse quadrangulaire dont
la masse refuse de se lier au paysage environnant, et auxquelles conduit tout droit l'économie inintelligente de la
dépense dans des entreprises proportionnellement trop ambi-
tieuses. Il proscrira toute disposition architectonique ne répondant à aucun besoin vrai de la maison, et s'appliquera, au
contraire, à ce que la destination précise de chaque chose se
dessine au dehors, de manière à faire rayonner au loin, par
la vue des détails comme par celui de l'ensemble, le sentiment
du bien-être préparé d'abord pour une seule famille.

V

ÉDIFICES PUBLICS.

Le type des édifices publics. — Les édifices publics ne peuvent
et ne doivent jamais ressembler aux maisons d'habitation des
citoyens ; car ils ont des destinations d'un autre ordre. Ils se
manifesteront toujours chacun par un type qui lui sera propre,
et qui proclamera aux yeux les moins exercés l'objet du monument. Il y aura donc autant de diversités dans les types qu'il
y a de destinations différentes à satisfaire. Temple, hôtel-de-
ville, palais de justice, prison, caserne, marché, abattoir,
promenoir, théâtre, bâtiment de l'Etat, école d'un ordre quelconque, chaque édifice doit être lui et ne rien tenir d'un autre.

La richesse monumentale. — On aime à revêtir les monuments publics d'une certaine richesse dont la vue donne à tous
les citoyens le sentiment du bien-être. Mais comme les édifices
n'appellent pas cependant de la même manière l'intérêt sur
eux, il est nécessaire que cette richesse soit répartie proportionnellement à la sympathie méritée.

Il conviendra aussi que, dans chaque circonstance où va
être construit un édifice public, l'architecte en mesure l'im-

portance sur les besoins probables d'un avenir peu éloigné, et
non sur les nécessités d'un présent naturellement trop égoïste.

La richesse monumentale des temples, des hôtels de ville et
généralement de tout édifice auquel s'attachent les traditions,
consiste d'abord dans le fait même du maintien de ce qui a
existé. Aux œuvres anciennes de ce genre, les générations
nouvelles ne doivent qu'ajouter sans jamais rien détruire
d'essentiel. Il n'est pas de construction, primitivement si restreinte, qu'elle ne puisse être agrandie, si pauvre qu'un architecte vieilli dans le métier ne soit en état de lui donner, à
l'aide des sculpteurs, des peintres et des autres ornemanistes,
un degré de décoration qui surpasse les besoins et les désirs
les plus ambitieux. En face d'un édifice ancien devenu insuf-
fisant, l'architecte devra modérer son propre désir de faire du
neuf, et le secret penchant de tout administrateur à fonder.

L'emplacement de l'édifice. — Elevé dans l'intérêt de tous,
l'édifice public doit être vu de tous, et ne jamais se faire chercher. Sa place est donc marquée naturellement sur l'axe des
voies principales, surtout dans les villes où il n'y a pas d'autre
moyen d'embellir la perspective des rues. Une cité devient
monumentale beaucoup moins par les dépenses affectées aux
constructions, que par le choix intelligent du lieu où celles-ci
seront établies. Cachées ou simplement perdues dans l'uniformité de l'alignement des maisons privées, elles n'excitent
ni l'intérêt ni le goût, lesquels ne sauraient être éveillés que
par la fréquence des apparitions de l'œuvre. Mises, au contraire, en vue de manière à former des fonds de tableau pour
chaque voie publique, elles acquièrent de leur position une
importance extrême.

L'emplacement des plus grands édifices, leurs hauteurs
diverses et la forme de chacun déterminent d'une manière
caractéristique l'aspect extérieur d'une ville, comme du plus
modique village. On ne doit jamais négliger ce moyen de
décoration de la contrée. Au temple appartient le privilége du
point le plus culminant, parce que c'est à lui qu'il incombe

de parler encore au loin à l'imagination pour la détourner des écarts dangereux. Il séduit le regard par la splendeur relative de ses formes, produit suprême de l'art local ; l'ouïe par des sons que la distance rend plus harmonieux. Il va réveiller jusque dans la solitude des familles éparses les idées morales que l'isolement pourrait affaiblir.

A la maison, où se réuniront les citoyens pour l'administration des affaires publiques, doit être réservé le centre du groupe des habitations.

Dans toute commune bien ordonnée, chaque édifice a sa place prudemment choisie en vue des intérêts présents à satisfaire, et du développement ultérieur des constructions sur une vaste étendue de terrains libres. Il péchera souvent par l'exiguité du local, rarement par l'excès contraire.

ERRATA

Page 11, ligne 11 : « le corps devra et ne pourra, » lisez : *ne devra.*

Page 25, ligne 14 : « il faut un polygone de 30 côtés..... » Supprimez la phrase pour cause de répétition.

Page 26, ligne 3 : « il faut un polygone de 32 côtés... »   .   Id.

Page 30, ligne 12 : « c'est l'u/5..., » lisez : *l'ut—5,*

Page 48, ligne 24 : « soit par la, » lisez : *pour la...*

Page 53, ligne 23 : « à l'exclusion du nombre 2, » lisez : *du nombre 3.*

Page 116, ligne 8 : « perdant peu à peu par le contact ce..., » lisez : *par ce contact le...*

TABLE DES MATIÈRES.

Besançon. — Imp. Dodivers.

DU MÊME AUTEUR :

Alesia, brochure in-8°, 1856.

Alaise et Séquanie, id., 1860.

Alaise à la barre de l'Institut, id., 1861.

Note incomplète, à propos de l'étude complète sur Alaise, de M. C., id., 1861.

Alaise et le Moniteur, id., 1862.

La question d'Alaise et d'Alise en 1863, id.

Unité religieuse, artistique, industrielle et nationale de toutes les Gaules, id., 1863.

Fouilles des rues de Besançon, id., 1865.

Vercingétorix et sa statue, id., 1865.

L'autel celtique de Saint-Maximin, id., 1865.

La Séquanie et l'Histoire de Jules César, id., 1867.

La ville antique de Dittatium, id., 1868.

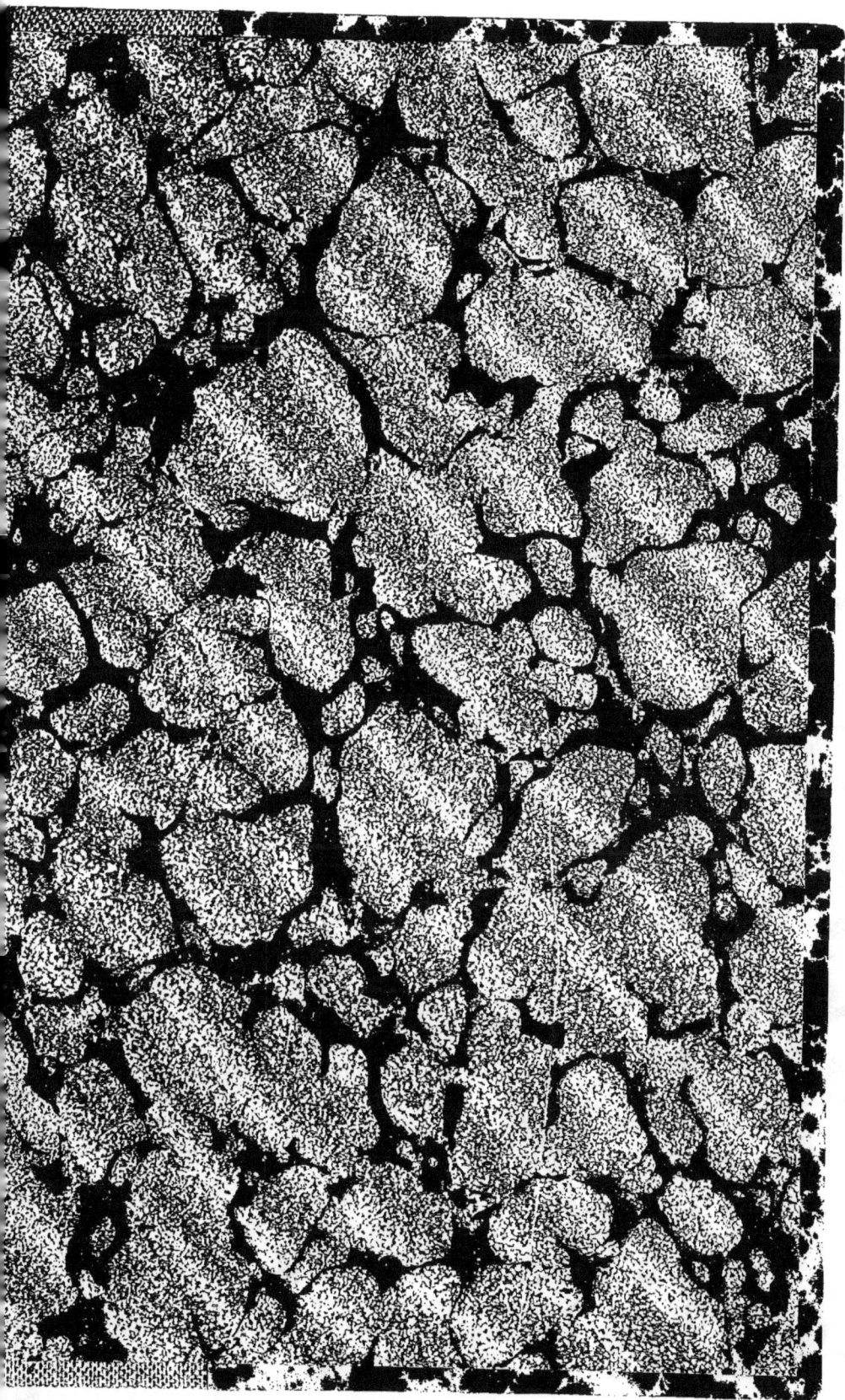